高分手绘营　杨雨金 著

建筑设计 手绘效果图表现

华中科技大学出版社
http://www.hustp.com
中国·武汉

内容简介

　　随着计算机技术的迅速发展，手绘效果图逐渐由"台前"转向了"幕后"。古人云："业精于勤，荒于嬉。"建筑设计手绘效果图表现需要经过长期的深入训练，因此创意手绘对设计者提出了更高的要求。本书是一本全方位讲解建筑设计手绘的综合教程，注重内容的全面性和实用性，从零开始讲解建筑设计手绘效果图的各种技法，将马克笔与彩色铅笔的创造能力发挥到极致。本书综合讲解多种绘画技法，可以帮助读者在短期内迅速提高建筑设计手绘效果图的表现水平，同时增强考生的创意表现能力。本书适合大中专院校艺术设计、建筑设计专业在校师生阅读，同时也可作为相关专业研究生入学考试的重要参考资料。

图书在版编目（CIP）数据

高分手绘营.建筑设计手绘效果图表现 / 杨雨金著 . 一武汉：华中科技大学出版社，2020.10
ISBN 978-7-5680-6606-8

Ⅰ.①高… Ⅱ.①杨… Ⅲ.①建筑设计－绘画技法 Ⅳ.① TU204.11

中国版本图书馆 CIP 数据核字 (2020) 第 172603 号

高分手绘营.建筑设计手绘效果图表现　　　　　　　　　　　　　　　　　　　　杨雨金 著
Gaofen Shouhuiying Jianzhu Sheji Shouhui Xiaoguotu Biaoxian

责任编辑：杨　靓　梁　任
装帧设计：金　金
责任校对：周怡露
责任监印：朱　玢

出版发行：华中科技大学出版社（中国·武汉）　　　电　话：（027）81321913
　　　　　武汉市东湖新技术开发区华工科技园　　　邮　编：430223

印　　刷：武汉市金港彩印有限公司
录　　排：天津清格印象文化传播有限公司
开　　本：889mm×1194mm　1/16
印　　张：11
字　　数：256 千字
版　　次：2020 年 10 月第 1 版第 1 次印刷
定　　价：72.00 元

建筑设计手绘效果图表现主要分为两个部分：建筑规划设计和建筑方案设计。从历年我国各级建筑设计考试的招生、录取状况来看，很多考生在建筑设计手绘方面没有太多基础，他们大多只是在考试前进行突击培训，这虽然能满足一时的应考需求，但当遇到有手绘功底的竞争者时，就会显得力不从心，与高分录取失之交臂，因此，本书从零基础出发，对建筑设计手绘进行全方位讲解。

对于零基础的考生，想在短期内掌握建筑设计手绘的要领其实并不难，但是要在考试过程中稳定发挥平时的练习水平，会遇到不少障碍，如考试时间短、心情紧张等都会影响手绘效果。想克服这些困难，还是要从基础抓起，让考生达到胸有成竹的临考状态。

在短期内训练建筑设计手绘的表现技能应从三个方面入手。

（1）强化对形体结构的认识。根据本书中的案例，多练习几何形体的空间与透视表现技法，对构造形体分级着色，力求塑造出强烈的体积感和层次感。

（2）深入观察生活中建筑外墙的反光与镜像色彩。大胆运用艳丽的色彩与沉闷的色彩搭配，形成强烈的色彩对比，从而丰富建筑外墙的表现效果。

（3）注重专业知识的学习。在考试的画面上，除了设计方案的表现外，还要给设计对象标注材料、工艺、尺寸等技术文字，编写技术信息图标与较全面的设计说明，将建筑设计中的技术核心表现出来，既能丰富画面效果，又能提升作品的技术含量。

本书在编写过程中注重基础知识的精准提炼，将烦琐、多样的基础知识分解后融入案例，对具有代表性的建筑设计手绘效果图表现分步骤、以图解的方式讲述。本书的训练计划可帮助考生在短期内获得极大提升，且能满足各类建筑设计快题考试与往后专业方向的发展需求。

本书由艺景设计手绘教育杨雨金老师著，参与本书编写的人员有万丹、万财荣、杨小云、万阳、汤留泉、高振泉、汤宝环。

著者

目 录

19 天高分手绘训练计划

第 1 天	准备工作	购买各种绘制工具（笔、纸、尺规、画板等），熟悉工具的使用特性，尝试着临摹一些简单的家具、小品、绿化植物、配饰品等。根据本书的内容，纠正自己以往的不良绘图习惯，包括握笔姿势、选色方法等，强化练习运笔技法，将错误、不当的技法抛在脑后。
第 2 天	形体练习	对各种线条进行强化训练，把握好长直线的绘画方式，严格控制线条交错的部位，要求对圆弧线、自由曲线的绘制一笔到位。无论以往是否系统地学过透视，现在都要配合线条的练习重新温习一遍，透彻理解一点透视、两点透视、三点透视的原理。
第 3 天	前期总结	对前期的练习进行总结，找到自己的弱点加强练习，以简单的小件物品为练习对象，可先临摹 2～3 张 A4 幅面线稿，再对照实景照片，绘制 2～3 张 A4 幅面线稿。
第 4 天	单体线稿	临摹 2～3 张 A4 幅面建筑单体线稿，注重单体物件形体的透视比例与造型细节，采用线条来强化明暗关系，再对照实景照片，绘制 2～3 张 A4 幅面简单的建筑单体。
第 5 天	空间线稿	临摹 2～3 张 A4 幅面建筑空间线稿，注重空间构图与消失点的设定，融入陈设品与绿化植物等，采用线条来强化明暗关系，再对照实景照片，绘制 2～3 张 A4 幅面简单的建筑空间线稿。
第 6 天	着色特点	临摹 2～3 张 A4 幅面建筑材质效果图，注重材质自身的色彩对比关系，着色时强化记忆材质配色，区分不同材质的运笔方法。分清构筑物的结构层次和细节，对必要的细节进行深入刻画。
第 7 天	单体着色	先临摹 2～3 张 A4 幅面建筑效果图中常用的绿化植物、山石、门窗等，厘清结构层次，特别注意转折明暗交接线部位的颜色，再对照实景照片，绘制 2～3 张 A4 幅面简单的小件物品。
第 8 天	空间着色	先临摹 2～3 张 A4 幅面线稿，以简单的建筑空间为练习对象，再对照实景照片，绘制 2～3 张 A4 幅面简单的建筑空间效果图。
第 9 天	中期总结	自我检查、评价前期绘制的建筑设计手绘效果图，总结其中形体结构、色彩搭配、虚实关系中存在的问题，将自己绘制的图稿与本书作品对比，重复绘制一些存在问题的图稿。

第 10 天	小型办公楼	参考本书关于小型办公楼的绘画步骤图，搜集 2 张相关实景照片，对照照片绘制 2 张 A3 幅面小型办公楼效果图，注重画面的虚实变化，避免喧宾夺主。
第 11 天	会议厅	参考本书关于会议厅的绘画步骤图，搜集 2 张相关实景照片，对照照片绘制 2 张 A3 幅面会议厅效果图，注重玻璃的反光与高光，深色与浅色相互衬托。
第 12 天	图书馆	参考本书关于图书馆的绘画步骤图，搜集 2 张相关实景照片，对照照片绘制 2 张 A3 幅面图书馆效果图，注重绿化植物的色彩区分，避免重复使用单调的绿色来绘制植物。
第 13 天	音乐厅	参考本书关于音乐厅的绘画步骤图，搜集 2 张相关实景照片，对照照片绘制 2 张 A3 幅面音乐厅效果图，注重地面的层次与天空的衬托，重点描绘 1～2 处细节。
第 14 天	工业厂房	参考本书关于工业厂房的绘画步骤图，搜集 2 张相关实景照片，对照照片绘制 2 张 A3 幅面工业厂房效果图，注重空间的纵深层次，适当配置人物来拉开空间深度。
第 15 天	快捷酒店	参考本书关于快捷酒店的绘画步骤图，搜集 2 张相关实景照片，对照照片绘制 2 张 A3 幅面快捷酒店效果图，注重取景角度和远近虚实变化。
第 16 天	快题立意	根据本书内容，建立自己的建筑快题立意思维方式，列出快题表现中存在的绘制元素，如植物、小品、建筑等，绘制并记忆这些元素，绘制 2 张 A3 幅面关于艺术博物馆、小型办公楼、教学楼、图书馆的平面图，厘清空间尺寸与比例关系。
第 17 天	快题实战	实地考察周边建筑，或查阅、搜集资料，独立设计构思较小规模的艺术博物馆的平面图，设计并绘制重点部位的立面图、效果图，编写设计说明，1 张 A2 幅面。
第 18 天	快题实战	实地考察周边建筑，或查阅、搜集资料，独立设计构思教学办公综合楼的平面图，设计并绘制重点部位的立面图、效果图，编写设计说明，1 张 A2 幅面。
第 19 天	后期总结	反复自我检查、评价绘画图稿，再次总结其中形体结构、色彩搭配、虚实关系中存在的问题，将自己绘制的图稿与本书作品对比，快速记忆和调整存在问题的部位，以便在考试时能默画。

建筑手绘表现概述

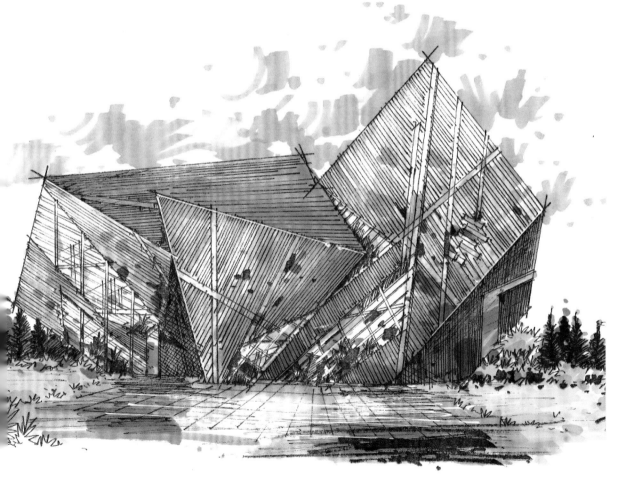

识别难度

★☆☆☆☆

核心概念

手绘运用、绘图工具。

章节导读

设计师用手绘来表现自己设计的图像，是一种在有限的时间和空间内最便捷的交流方式。良好的工具材料对手绘效果图表现起着非常重要的作用。

1.1 手绘的正确认识

手绘的特点是能比较直接地传达作者的设计理念，使作品生动、亲切，有一种回归自然的情感因素。手绘是眼、脑、手协调配合的表现。手绘表现有助于提高作者的观察能力、表现能力、创意能力和整合能力。手绘效果图通常是作者思想初衷的体现，并且能和作者的创意同步。一个好的创意，往往只是作者最初设计理念的延续，而手绘则是设计理念最直接的体现。

1.2 手绘在建筑设计中的运用

目前在建筑设计中，手绘已经是一种流行趋势，许多设计师常用手绘作为表现手段。在设计行业对于设计师来说，手绘的重要性，越来越得到了大家的认同。因为手绘是设计师表达情感、设计理念和设计方案最直接的视觉语言。由此可见，手绘的作用并没有减弱。手绘作为一种设计表达的手段，属于设计前期的部分，它能够形象而直观地表达建筑空间结构关系和整体环境氛围，并且是一种具有很强的艺术感染力的设计表达方式。

手绘贴士

各种笔、纸、工具的购买量根据个人水平能力来定。在学习初期，画材的消耗量较大，待操作熟练、水平提升后，画材的消耗就会趋于稳定，因此，初期可以购买相对便宜的产品，后期再购买品质较高的产品。制定一个比较详细的学习计划，将日程细化到每一天甚至每半天，根据日程来控制进度，至少每天都要动笔练习，这样才能快速提升手绘效果图表现的水平。

建筑体量感与空间感的塑造源于明暗对比与结构层次。

暖灰色与冷灰色是建筑效果图表现的主要用色。

建筑外墙的玻璃反光要与天空有明显区别。

▲建筑手绘效果图（贺怡）

1.3 建筑手绘常用的工具

在手绘效果图的绘制过程中，良好的工具起着非常重要的作用。不同的表现工具能够产生不同的表现结果。设计者应该根据设计对象的特点，结合平时所积累的手绘经验，总结出适合自己的表现工具，熟练地掌握这些手绘工具的特性和表现技巧是取得高质量手绘效果图表现的基础。

1.3.1 绘画用笔

1. 铅笔

铅笔在手绘中的运用非常普遍，因为它可快可慢，可轻可重，所绘出的线条非常灵活。在手绘效果图时，一般选择 2B 铅笔绘制草图。太硬的铅笔有可能在纸上留下划痕，在修改或重新画的时候纸上可能会有痕迹，影响美观。太软的铅笔硬度不够，很难对形体轮廓进行清晰的表现。自动铅笔更适合手绘，最好选择自动铅笔。自动铅笔的铅芯最好选择 2B。绘画者可以根据个人习惯来选择不同粗细的铅芯，0.7mm 的铅芯比较适合。此外，传统铅笔需要经常削，也不好控制粗细，因此，大多数人更愿意选择自动铅笔。

2. 绘图笔

绘图笔是一个统称，主要包括针管笔、签字笔和碳素笔等。笔尖较软，用起来手感很好，而且绘图笔画出来的线条十分均匀，适合勾画细线条，画面会显得很干净。绘图笔根据笔头的粗细分不同型号，可以按需购买。初学者练习比较多，可以选择中低端品牌产品，价格便宜，性价比很高；待水平提升后，再根据实际情况选择高端产品。

第**1**天 准备工作

购买各种绘制工具（笔、纸、尺规、画板等），熟悉工具的使用特性，尝试着临摹一些简单的家具、小品、绿化植物、配饰品等。根据本书的内容，纠正自己以往的不良绘图习惯，包括握笔姿势、选色方法等，强化练习运笔技法，将错误、不当的技法抛在脑后。

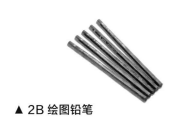
▲ 2B 绘图铅笔

▲自动铅笔

▲绘图笔

3. 美工钢笔与草图笔

与普通钢笔的笔尖不同，美工钢笔的笔尖是扁平弯曲状的，适合勾画硬朗的线条。初学者可以选择便宜普通的钢笔，后期最好选择好一点的品牌，如红环、凌美。草图笔画出来的线条比较流畅，粗细可控，能一气呵成画出草图，但是比一般针管笔粗。目前，派通牌草图笔用得比较多。

4. 马克笔

马克笔又称麦克笔。手绘的主要上色工具是马克笔，马克笔有酒精性（水性）与油性两种，通常选用酒精性（水性）马克笔。马克笔两端有粗笔头和细笔头，可以绘制粗细不同的线条，品牌不同，笔头形状和大小也有区别。马克笔具有作图快速、表现力强、色泽稳定、使用方便等特点，越来越受到设计者的青睐。全套颜色可达 300 种左右，但是一般根据个人需要购买即可。初学者可以选购 Touch 牌 3 代或 4 代，性价比较高。对品质要求高一点的可以选择犀牛牌、AD 牌等，颜色更饱满，墨水更充足，价格也更高。当马克笔的墨水用尽时，可以用注射器注入少量酒精，可以在一定程度上延续马克笔的使用寿命。

5. 彩色铅笔

彩色铅笔是比较容易掌握的涂色工具，画出来的效果以及外形都类似于铅笔，一般建议选择水溶性彩色铅笔，因为它能够很好地与马克笔结合使用。彩色铅笔有单支系列、12 色系列、24 色系列、36 色系列、48 色系列、72 色系列、96 色系列等，一般根据个人需要购买即可。

▲美工钢笔

▲草图笔

▲酒精

▲马克笔

▲水溶性彩色铅笔

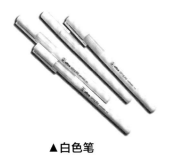

▲白色笔

▲涂改液

6. 白色笔

白色笔是在效果图表现中提高画面局部亮度的好工具。使用方法和普通中性笔相同，只是运用部位应当在深色区域，否则无法体现白色效果。但是白色笔的覆盖性能比不上涂改液，不能作为大面积涂白使用。

7. 涂改液

涂改液的作用与白色笔相同，只是涂改液的涂绘面积更大，效率更高，适合反光、高光、透光部位。涂改液一般只用于最后一个步骤，覆盖涂改液后就不应再用马克笔或彩色铅笔着色。当然，也不能完全依靠马克笔来修复灰暗的画面效果，否则画面会显得苍白无力。

1.3.2 绘画用纸

1. 复印纸

普通复印纸因其性价比高而运用普遍，初学者刚开始学习手绘时，建议选择复印纸来练习。这种纸的质地适合铅笔、绘图笔和马克笔等多种绘图工具。

2. 拷贝纸和硫酸纸

拷贝纸和硫酸纸都是半透明纸张，适合设计者在工作中用来绘制和修改方案，或者进行拓图。拷贝纸相对比较便宜，在前期做方案的时候都会使用拷贝纸进行绘图。而硫酸纸价格相对较贵，而且不容易反复修改，所以初学者刚开始最好使用拷贝纸来训练。

▲复印纸

▲拷贝纸

▲硫酸纸

1.3.3 相关辅助工具

1. 尺规

常见的尺规有直尺、丁字尺、三角尺、比例尺和平行尺等。直尺用于绘制较长的透视线，方便精准定位；丁字尺能在较大的绘图幅面上定位水平线；三角尺用于绘制常规构造和细节；比例尺用于绘制彩色平面图上的精确数据；平行尺是三角尺的升级工具，可以连续绘制常规的构造线。

尺规可以较准确地强调效果图中的直线轮廓，可根据需求选购。对于初学者来说，必要的时候应当使用尺规来辅助。

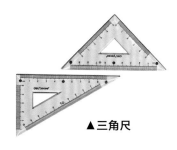
▲三角尺

▲直尺

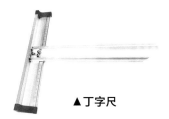
▲丁字尺

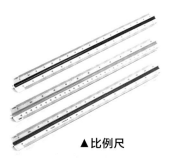
▲比例尺

2. 橡皮

橡皮主要有软质橡皮、硬质橡皮与可塑橡皮三种。软质橡皮使用最多，用于擦除较浅的铅笔轮廓；硬质橡皮用于擦除纸面被手指摩擦污染的痕迹；可塑橡皮用于减弱彩色铅笔绘制的密集线条。对于有一定绘画经验的设计师，一般很少用到橡皮。但是，常备橡皮能方便修改细节，保持画面干净整洁。

▲平行尺

▲软质橡皮

▲硬质橡皮

▲可塑橡皮

手绘的基本要素

识别难度

★★☆☆☆

核心概念

线条练习、一点透视、两点透视、三点透视。

章节导读

本章介绍正确的握笔姿势、线条表现技法和透视绘制技法。只有掌握严谨的透视方法才能完美表现效果图的形体结构,为后期着色奠定良好基础。

2.1 正确的握笔姿势

手绘效果图时需要注意握笔姿势。握笔时，笔尽量放平，与纸面保持一定角度。小指轻轻放在纸上，压低笔身，再开始画线，这样可以把手指当作一个支撑点，能稳住笔尖，画出比较直的线条。握绘图笔或中性笔的手法与普通书写笔无差异。画横线时，手臂要随着手一起运动，画竖线时，运用肩部来移动，短的竖线也可以用手指来移动，这样才能保证绘画快、线条直。当基础手绘练习得比较熟练时，可以将笔尖拿得离纸张远一点，从而提高手绘速度。运笔时要控制笔的角度，保证倾斜的笔头与纸张全部接触。正面握笔角度为 45° 左右，侧面握笔角度为 75° 左右。

对各种线条进行强化训练，把握好长直线的绘画方式，严格控制线条交错的部位，要求对圆弧线、自由曲线的绘制一笔到位。无论以往是否系统地学过透视，现在都要配合线条的练习重新温习一遍，透彻理解一点透视、两点透视、三点透视的原理。

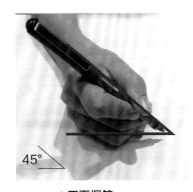

▲ 正面握笔

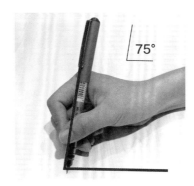

▲ 侧面握笔

2.2 线条表现技法

线条是塑造表现对象的基础，几乎所有的效果图表现技法都需要一个完整的形体结构。线条结构表现图的用途很广泛，涉及设计工作的方方面面，如搜集素材、记录形象、设计草案、画面表现等。严谨正确的绘制方法需要长期训练。为了快速提高线条表现水平，可以抓住生活中的瞬间场景，时常绘制空间形体，有助于更加熟练地表现线条。

考生可通过前期不同类型线条的练习掌握线条的习性，通过线条的组合了解快速线条的排列。要求运笔速度均匀，有一定的疏密变化。

2.2.1 线条

线条是手绘效果图表现的基本构成元素，也是造型元素中重要的组成部分。空间的结构转折、细节处理，都是用线条来体现的。不同的线条代表着不同的情感色彩，画面的氛围控制也与不同线条的表现有着紧密的关系。在表达过程中，绘制出来的线条具有轻重、疏密之分。在表达空间时，线条能够提示界限与尺度。在表现光影时，线条能反映亮度与发散方式。线条是手绘表现的重要根本，是学习手绘的第一步。

注意线条的虚实变化与光影关系处理技巧。受光面的线条虚，背光面的线条实；转折结构线实，纹理线虚；地面接触线实，天空轮廓线虚。注意画面黑白灰关系的处理。一幅画面会设置合理的光影关系，投影在画面中比较重，投影的渐变关系从靠近物体往外逐渐减弱。

线条的形式看起来很复杂，但归纳起来只分为直线和曲线两大类。直线包括垂直线、水平线和斜线。曲线的线条形式比较丰富，但基本上都是波浪状线条的各种变化。线条笔触的变化还包括快慢、虚实、轻重等关系。线条的不同使用技巧是画面表达感染力的重要手段，掌握多种不同的线条表现技法是设计师必备的技能。在表达一个完整的空间之前，要对对象建立一个完整的认识，这样才能进一步表现。

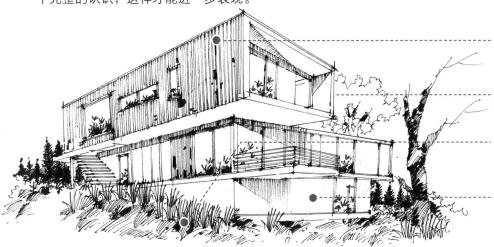

建筑暗部采用密集排列的线条强化对比。

除主要轮廓外，建筑亮面一般不用绘图笔绘制其他线条。

前景部位进行深入细致刻画，将各种形体结构完整表现，但是明暗对比不宜过于强烈。

建筑下部无遮挡的结构都要细腻绘制，表现出建筑结构的稳固感。

▲建筑效果图线稿

要想快速提升手绘设计水平，系统地练习并掌握线条的特性是必不可少的。各种线条的组合能排列出不同的效果，线条与线条之间的空白能形成视觉差异，呈现不同的材质感觉。考生也可以直接在空间中练习，通过画面的空间关系控制线条的疏密、节奏。此外，经常用线条表现一些环境物品，将笔头练习当作生活习惯，可以快速提高表现能力，树木、花草、家具都是很好的练习对象。体会不同的线条对空间氛围的影响，不同的线条组合、方向变化、运笔急缓、力度把握等都会产生不同的画面效果，下面介绍几种线条的表达方式以及相关的技巧。

绘制线条时不要心急，切忌连笔、带笔，笔尖与纸面最好保持 75° 左右，使整条线条均匀一致。绘制长线条时不要一笔到位，可以分多段线条来拼接，接头处留有空隙，但空隙的宽度不宜超过线条的宽度。线条过长可能会难以控制它的直度，可以先用铅笔作点位标记，再沿着点位标记来连接线条，绘图笔的墨水线条最终会遮盖铅笔标记。绘制整体结构时，外轮廓的线条应该适度加粗作为强调，尤其是转折和地面投影部位。

　　掌握多种线条的绘画技法是设计师必须具备的本领。本节对不同类型的线条进行详细介绍。

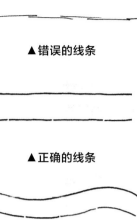

▲ 错误的线条

▲ 正确的线条

▲ 正确的曲线

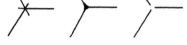

▲ 分点绘制长线　　　　　　　　▲ 线条的交错

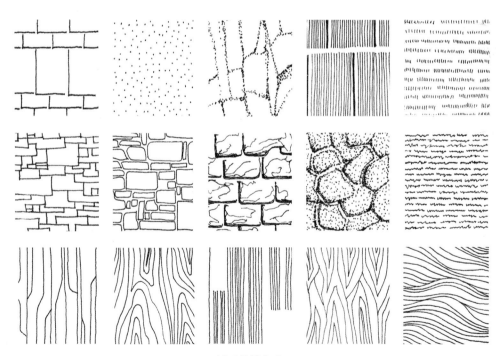

▲ 材质的线条表现

2.2.2 直线

　　直线在徒手表现中最为常见，也是最主要的表达方式，大多数形体都是由直线构成的，因此，掌握好直线的表现技法很重要。直线的表达方式有两种：一是尺规；二是徒手。这两种表现形式可根据不同情况进行选择。

　　慢线比较容易掌握，画慢线时眼睛盯着笔尖画，画出的线条不够灵动。但是如果构图、透视、比例等关系处理得当，慢线也可以画出很好的效果。快线所表现的画面比慢线更具视觉冲击力，绘制的图更加清晰、硬朗，富有生命力和灵动性，但是较难把握。快线是一气呵成的，但是容易出错，修改不方便。画出来的线条一定要直，并且干脆利索，又富有力度。逐渐增加绘制线条的长度和速度，循序渐进，就能逐步提高徒手画线的能力，画出既直又活泼的线条。

▲慢线

▲快线

▲快线绘制亭子

▲慢线绘制亭子

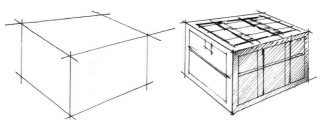

▲尺规绘制

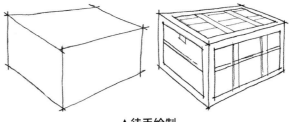

▲徒手绘制

徒手画直线时，初学者因为害怕不敢下笔，慢慢悠悠地画，出来的线条很死板。徒手绘画出来的直线，虽然没有尺规的效果，但是有其自身魅力，运笔速度快、刚劲有力、小曲大直。绘制直线时，起笔和收笔非常重要。起笔和收笔的笔锋能够体现绘画者的绘画技巧以及熟练程度。起笔和收笔往往能表现绘画者的绘画风格。

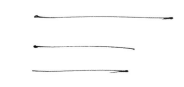

▲直线的起笔与收笔

注意起笔要顿挫有力，运笔要匀速，收笔要稍做提顿。注意两根线条交接的地方要略强调交点，稍稍出头，但不要过于刻意强调交叉点，否则会导致线条凌乱。画长线的时候最好分段画。人不能长时间保持精神高度集中，把长线分成几段短线来画肯定比一口气画出的长线直。分段画的时候，短线之间需要留一定空隙，不能连在一起。

画交叉线时，要注意两条线要有明显的交叉，最好是反方向延长的线，这样才能看得清。这样做交叉是为了防止两条线的交叉点出现墨团，交叉的方式也给了绘画者延伸的想象空间。

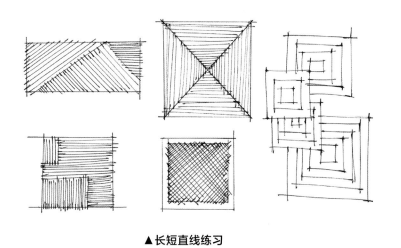

▲长短直线练习

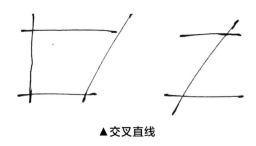

▲交叉直线

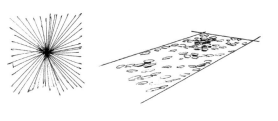

▲多样直线练习

手绘贴士

慢线一般用于效果图中的主要对象，或是位于画面中心的对象，这些对象都是描绘的重点，画慢线时需要找准比例和透视。快线一般用于效果图中的次要对象，或是位于画面周边的对象，这些对象基本属于配饰。快线能提高绘制速度，同时形成一气呵成的流畅效果。在绘制曲线与乱线时要灵活把握快、慢线的使用方法。

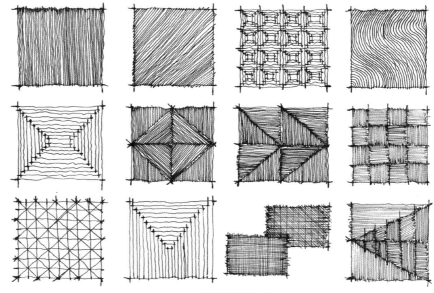

▲长短直线练习

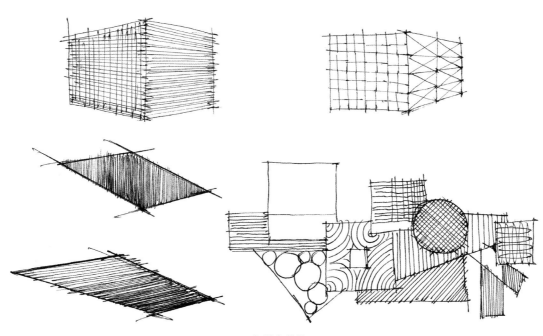

▲多样直线练习

2.2.3 曲线

曲线是学习手绘过程中重要的技术环节，使用广泛，且运线难度高，它体现了整个表现过程中的活跃因素，在练习过程中熟练、灵活地运用笔与手腕之间的力度，可以表现出丰富的线条。画曲线要根据画面情况而定，曲线和长线一样需要分段画，才能把比例画得比较好。如果一气呵成，比例可能失调，修改也不方便。如果是很细致的图，为了避免画歪、画斜而影响画面整体效果，我们可以用慢线的方式来表现。曲线需要一定的功底才能画好，线条才能流畅生动。只有大量练习，才能熟练掌握手绘基础。

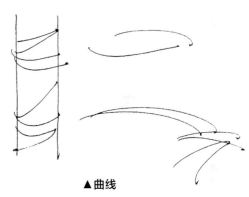

▲曲线

2.2.4 乱线

乱线在表现植物、纹理、阴影等的时候运用比较多。画乱线有一个小技巧：直线、曲线交替画，画出来的线条才会既有自然美又有规律美。

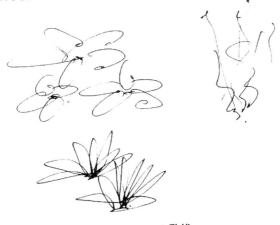

▲乱线

▲多样线条练习

手绘贴士

波浪线适用于绿化植物、水波等配景的表现，也可以密集排列形成较深的层次。绘制波浪线应尽量使每个波浪的起伏大小保持一致，波峰之间的间距保持一致，同时将线条粗细保持一致。

▲多样线条练习

手绘贴士

尺规绘制一般用于幅面较大且形体较大的效果图中的主要对象，如 A3 以上幅面且位于画面中心的表现对象。徒手绘制一般用于幅面较小且形体较小的效果图中的次要对象。

2.3 透视绘制技法

透视是手绘效果图的重要部分。透视原理和快速表现是学习手绘的入门基础课程。透视学习可以让初学者快速掌握手绘效果图的基本要点，达到手绘草图的基本要求。透视的要素为近大远小、近实远虚、近明远暗、近高远低。

视点是人眼睛的位置。视平线是由视点向左右延伸的水平线。视高是视点和站点的垂直距离。视距是站点（视点）离画面的距离。灭点也称"消失点"，是空间中相互平行的透视线在画面上汇集到视平线上的交叉点。高线是建筑物的高度基准线。

以上是透视的常见名词，在各种透视中是通用的，也是必不可少的，要理解性地去记忆。

视点和视平线的选择定位是决定一幅手绘效果图好坏的重要因素，应根据画面的设计需要选择合适的构图形式。构图与审美有紧密的联系，要提升绘画及设计水平应先提高审美水平。绘画和设计一样都是构架。手绘效果图的基础就是塑造设计对象形体的基础，对象形体表达完整，效果图才能深入，透视原理是正确表达形体的要素。

透视主要有三种方式：一点透视（平行透视），两点透视（成角透视）和三点透视。在一点透视中，观察者与面前的空间平行，只有一个消失点，所有的线条都从这个点投射出去，设计对象呈现四平八稳的状态，有利于表现空间的端庄感和开阔感。在两点透视中观察者与面前的空间形成一定的角度，所有的线条源于两个消失点，即左消失点和右消失点，它有利于表现设计对象的细节和层次。三点透视很少使用，它与两点透视比较类似，只是观察者的脑袋有点后仰，就好像观察者在仰望一座高楼，它适合表现高耸的建筑和广阔的室内空间。

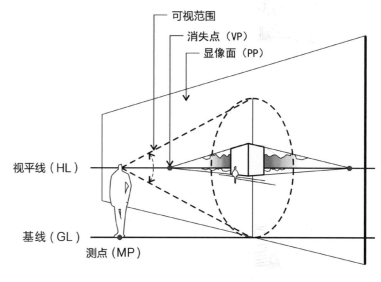

▲透视示意图

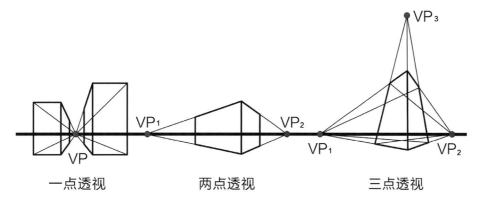

VP₃

VP₁　　　　VP₂

VP₁　　　　VP₂

VP

一点透视　　　　两点透视　　　　三点透视

▲透视的种类

▲建筑一点透视图

▲建筑两点透视图

▲建筑三点透视图（俯视）

手绘贴士

无论以往是否系统地学过透视，现在都要配合线条的练习重新温习一遍，对透视原理知识进行巩固。透彻理解一点透视、两点透视、三点透视的原理。先对照本书绘制各种透视线稿，再根据自己的理解能力独立绘制一些室外建筑小品、建筑的透视线稿。最初练习时，绘制幅面不宜过大，一般以 A4 为佳。

2.3.1 一点透视

一点透视又称为平行透视，只有一个消失点。一点透视是当人正对着物体进行观察时所产生的透视范围。一点透视中人是对着消失点的，物体的斜线一定会延长相交于消失点，横线和竖线一定是垂直且相互间是平行的，通过这种斜线相交于一点的画法才能画出近大远小的效果。一点透视是室内效果图最常用的透视，它的原理和步骤都非常简单。一点透视有较强的纵深感，很适合用于表现庄重、对称的空间。

视平线的位置。视平线是定位透视时不可或缺的一条辅助线，而消失点正好位于视平线的某个位置上，视平线的高低决定了空间视角的定位，一点透视的消失点在视平线上稍稍偏移画面 1／3 至 1／4 适宜。在室内效果图表现中，视平线一般定在整个画面偏下 1／3 左右的位置。

消失点的位置。一点透视的消失点原则上是位于基面的正中间，但是在表现画面的时候，如果放的位置过于正中，就会显得比较呆板。这需要根据具体空间类型而定。

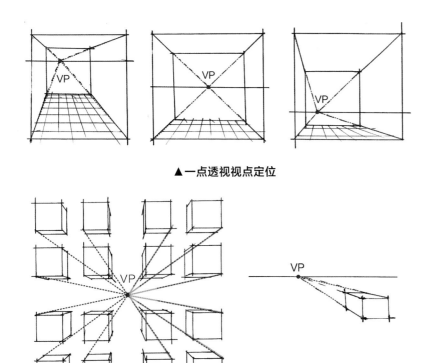

▲一点透视视点定位

▲一点透视练习图

手绘贴士

学习手绘效果图时，不仅要练习基础线条，最重要的是要学会透视原理。透视原理不难理解，但是真正用起来没那么容易，容易出现各种小错误。学习透视效果图一定不要操之过急，只有先打好基础，才能画出符合基本规律的效果图，再在此基础上发挥创意与灵感。手绘效果图和真正的艺术是有区别的，只有绘制出符合正常审美的透视图，才可能是一幅成功的手绘效果图。

透视的三大要素：近大远小、近明远暗、近实远虚。离人越近，物体画得越大；离人越远，物体画得越小。要注意比例。不平行于画面的平行线其透视交于一点。

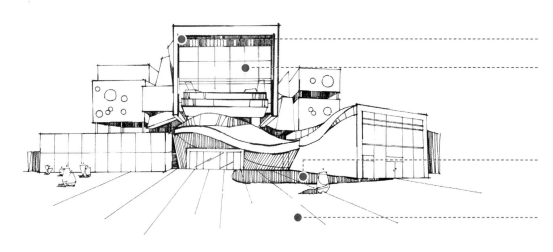

建筑屋檐下的投影是强化体积感的最佳元素。

玻璃幕墙采用横平竖直的井格线条来表现。

地面投影的层次不能超过建筑屋檐。

地面铺装材料的轮廓线严格按照透视方向来绘制。

▲建筑一点透视图

位于绿化植物中的建筑形体结构严格按照透视方向来绘制。

建筑结构上的投影分几个层次来表现。

一点透视消失点应当在建筑形体上，而不是在绿化植物上。

水平桥梁能强化一点透视形体结构。

▲建筑一点透视图（田冰花）

2.3.2　两点透视

　　两点透视也称为成角透视。在一点透视中，所有的斜线相交于一个消失点上；而在两点透视图中，所有的斜线分别相交于左右的消失点上，物体的对角正对着人的视线。它的运用范围比较广泛，因为有两个消失点，所以左右两边的斜线既要分别相交于左右的消失点，又要保证两边的斜线比例正常。两点透视运用和掌握起来比较困难。当人站在正面的某个角度看物体时，就会产生两点透视。两点透视更符合人的正常视角，比一点透视更加生动、实用。

　　应该注意两个消失点处于地平线上的位置（不宜定得太近）以及真高线的定位。两点透视空间的真高线（两面墙体的转折线）属于画面最远处的线，因此在画的时候不宜过长，以免近处的物体画不开，一般处于纸面中间1／3左右即可。

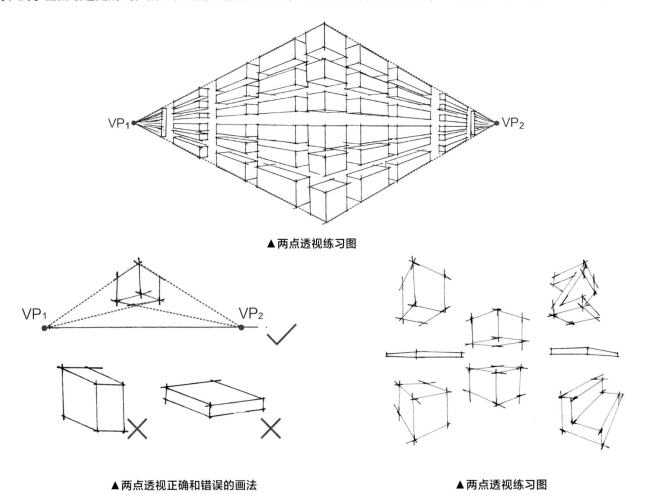

▲两点透视练习图

▲两点透视正确和错误的画法　　　　　　　　　▲两点透视练习图

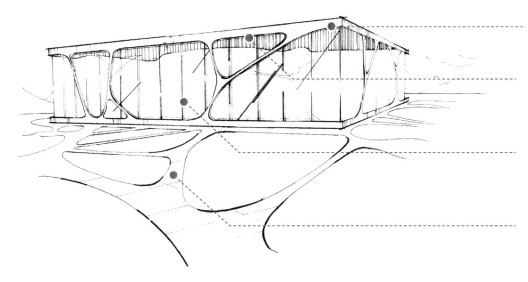

要强化建筑转角处的明暗交界线以及暗部的层次。

玻璃幕墙上的反光分明、暗两个层次，具有一定对比效果。

玻璃竖向构造采用双线绘制。

地面道路形态与建筑外墙保持统一。

▲建筑两点透视图

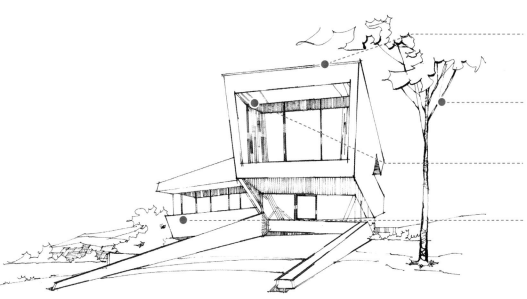

建筑上檐采用双线来强化建筑顶端的结构。

作为配景的树木简化表现。

暗部分两个层次排列线条，区分两个层次之间的关系。

使用直尺绘制建筑主要轮廓，严格把握透视方向。

▲建筑两点透视图

2.3.3 三点透视

三点透视主要用于绘制内空较高的室内空间、俯瞰图或仰视图。第三个消失点必须处于与画面垂直的主视线上，且该主视线必须与视角的二等分线保持一致。三点透视绘制方法很多，真正应用起来很复杂，在此介绍一种快速、实用的绘制方法。在手绘效果图中，要定位三点透视的消失点比较简单，可以在两点透视的基础上增加一个消失点，这个消失点可以定在两点透视图中左、右两个消失点连线的上方（仰视）或下方（俯视），最终三个消失点的连线能形成一个近似等边三角形。

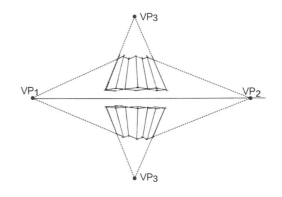

▲三点透视画法

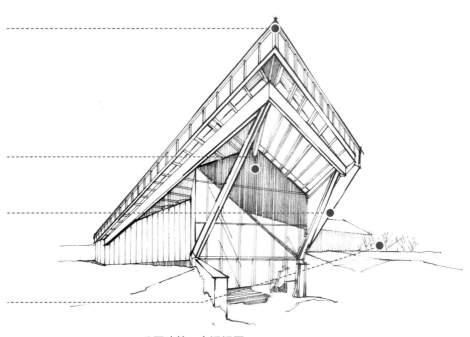

三点透视建筑最佳视觉角度就是在两点透视的基础上延伸第三个消失点，中央最高点是三点透视形成的显著特征。

阴影采用密集的竖向线条来表现。

建筑两侧的支撑构造采用较粗线条绘制，强化体积感。

远处建筑与绿化植物采用较细绘图笔绘制。

▲公园建筑三点透视图

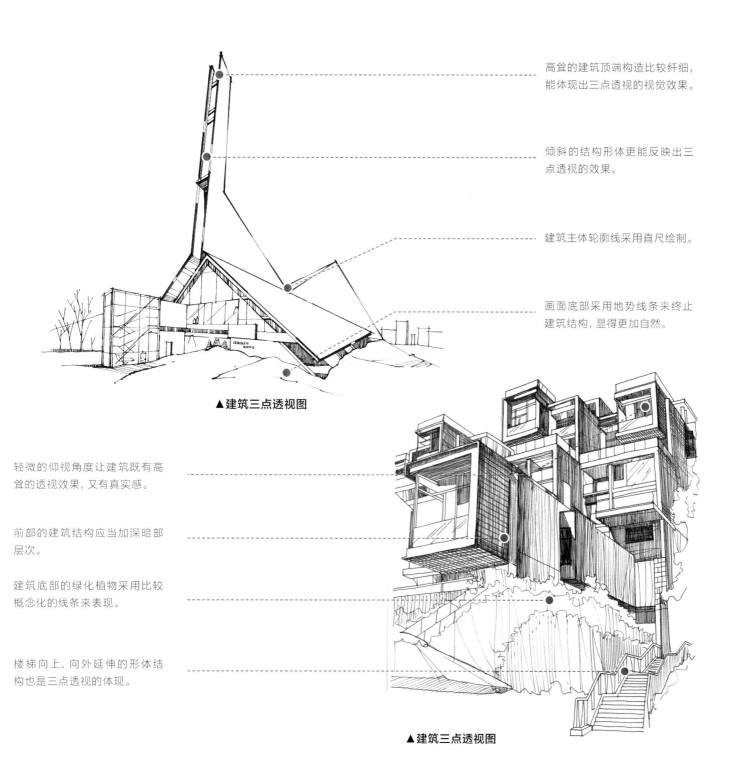

高耸的建筑顶端构造比较纤细，能体现出三点透视的视觉效果。

倾斜的结构形体更能反映出三点透视的效果。

建筑主体轮廓线采用直尺绘制。

画面底部采用地势线条来终止建筑结构，显得更加自然。

▲建筑三点透视图

轻微的仰视角度让建筑既有高耸的透视效果，又有真实感。

前部的建筑结构应当加深暗部层次。

建筑底部的绿化植物采用比较概念化的线条来表现。

楼梯向上、向外延伸的形体结构也是三点透视的体现。

▲建筑三点透视图

建筑外墙的材质细致表现，
能与其他材质形成对比，具
有很强的视觉效果。

门洞内的层次加深，有助于
表现出明暗对比。

三点透视的前提是两点透视
要准确，否则无法体现出建
筑高耸的气势。

对前期的练习进行总结，
找到自己的弱点加强练
习，以简单的小件物品
为练习对象，可先临摹
2～3张A4幅面线稿，
再对照实景照片，绘制
2～3张A4幅面线稿。

位于画面下部的形体结构依
然要准确，采用绿化植物的
形体来终止画面。

▲建筑三点透视图

手绘贴士

在绘图过程中常见的不良习惯有以下5种，要特别注意更正。

(1) 长期依赖铅笔绘制精细的形体轮廓。铅笔绘制会浪费时间，擦除难度大，也会污染画面。可以单独练习线条，熟练后再开始绘制效果图。

(2) 急忙着色。可先对线条进行强化训练，把握好长直线的绘画方式，严格控制线条交错的部位，圆弧线、自由曲线的绘制一笔到位。

(3) 对形体轮廓描绘和着色先后顺序没有厘清，在短时间用绘图笔绘制轮廓并用马克笔着色，造成两种笔墨串色，导致画面污染。应当严格厘清先后顺序，先绘制轮廓后着色。

(4) 停留在一个局部反复涂绘，总觉得没画好，认为只有需要涂绘才能挽救。马克笔选色后涂绘是一次成型，只能深色覆盖浅色，而浅色无法覆盖深色。

(5) 大量使用深色甚至黑色马克笔，画面四处都是深色没有对比效果。在整体画面中，比较合理的层次关系可按笔触覆盖面积来体现，面积占比分别是15%深色，50%中间色，30%浅色，5%透白或高光。

建筑手绘线稿表现

识别难度

★★★☆☆

核心概念

绿化植物、建筑单体、空间构造。

章节导读

本章介绍建筑空间线稿绘制的基本要领，对建筑设计手绘效果图中常用的绿化植物、门窗、构造等进行分类，重点讲解单体线稿与空间线稿的绘制方法，列出部分优秀空间线稿实例作品进行深入分析。

3.1 单体线稿表现

本书第 2 章对线条的基础练习作了基本介绍，线条在手绘效果图中相当于基础骨架，要提高绘图速度就应当多强化训练，熟练掌握线稿的绘制方式。

单体是构成空间的基本元素之一，我们在进行整体空间绘制之前，应先对单体进行练习，掌握各种风格和单体的画法，然后逐渐增加难度。

建筑设计应具备手绘效果图表达的能力，因为建筑设计中的地形、植物、水体、小品等都需要徒手表达，而且在搜集素材、设计构思、推敲方案时也需要通过徒手绘制效果图来表达设计构思，所以掌握手绘效果图表现技法是建筑设计师必须具备的基本能力。

初学者对形体结构不太清楚，可以先用铅笔绘制基本轮廓，表现基本轮廓的线条可以画得很轻，轻到只有自己看得见即可，基本轮廓存在的意义主要是给绘图者建立信心，但是不应将轮廓画得很细致，否则后期需要用橡皮来擦除铅笔痕迹，不仅浪费时间，还会污染画面。轮廓的大部分应能被绘图笔或中性笔所绘制的线条覆盖，小部分能被后期的马克笔色彩覆盖。

有了比较准确的基本轮廓就可以把形体画准确，为进一步着色打好基础。

3.1.1 建筑植物线稿表现

植物是建筑设计中重要的配景元素。自然界中的植物形态万千，有的秀丽颀长，有的笔直粗壮，各具特色。各种植物的枝、干、冠构成以及分枝习性决定了各自的形态和特征。植物在园林设计中占的比例非常大，植物的表现是透视图中不可或缺的一部分。建筑设计中运用较为广泛的植物主要分为乔木、灌木、草本、棕榈科等。每一种植物的生长习性不同，造型各异，关键在于能够找到合适的方式去表达。

画植物时，应先学会观察各种植物的形态、特征及各部分的关系，了解植物的外轮廓形状，整株植物的高宽比和干冠比，树冠的形状、疏密和质感，掌握动态落叶树的枝干结构，这对绘制植物很有帮助。进行基础植物练习的时候，我们可以把所有的植物都看作一个球体。这样更便于理解植物的基本体块关系。初学者可从临摹各种形态的植物图例开始。

植物在现实生活中形态非常复杂，我们不可能把所有树叶和枝干都非常写实地刻画出来。在塑造的时候要学会概括，用抖线的方法把树叶的外形画出来，但是不要过于僵硬，需要注意的是，植物的形态是非常自然的，在画的时候也要很自然。

临摹 2 ~ 3 张 A4 幅面建筑单体线稿，注重单体物件形体的透视比例与造型细节，采用线条来强化明暗关系，再对照实景照片，绘制 2 ~ 3 张 A4 幅面简单的建筑单体。

1. 乔木的表现

　　乔木一般分为五个部分：干、枝、叶、梢、根。从树的形态特征看有缠枝、分枝、细裂、节疤等，树叶有互生、对生的区别，了解这些基本的特征规律后利于我们快速进行表现。树干是整棵植物的框架，画树应先画树干，并注重枝干的分枝习性。处理枝干时应注意线条不要太直，要用比较流畅、自然的线条，也要注意枝干分枝位置的处理，要处理出分枝处的鼓点。树的生长是由主干向外伸展。它的外轮廓基本形体按其最概括的形可分为：球或多球体的组合、圆锥、圆柱、卵圆体等。下面给出了不同形态的植物图例，掌握好树干的形态有助于快速准确地画好植物的轮廓。

　　树的体积感是由茂密的树叶所形成的。在光线的照射下，迎光的一面最亮，背光的一面则比较暗，里层的枝叶，由于处于阴影之中，所以最暗。自然界中的植物明暗要丰富得多，应概括为黑、白、灰三个层次。在手绘效果图中，植物只作为配景，明暗不宜变化过多，不然会喧宾夺主。

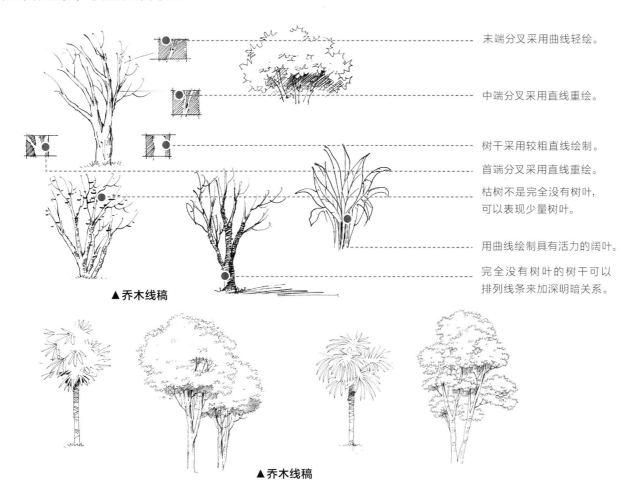

末端分叉采用曲线轻绘。

中端分叉采用直线重绘。

树干采用较粗直线绘制。

首端分叉采用直线重绘。

枯树不是完全没有树叶，可以表现少量树叶。

用曲线绘制具有活力的阔叶。

完全没有树叶的树干可以排列线条来加深明暗关系。

▲乔木线稿

▲乔木线稿

▲乔木线稿

2. 灌木的表现

与乔木不同，灌木的植株相对矮小，没有明显的主干，是丛生状的植物。灌木一般是观赏类植物。单株的灌木画法与乔木相同，只是没有明显的主干，而且是近地处枝干丛生。灌木通常以片植为主，有自然式种植和规则式种植两种。其画法大同小异，绘制时应注意虚实变化，进行分块，抓大关系，切忌琐碎。

3. 修剪类植物的表现

修剪类植物主要体现在造型的几何化。画这类植物时要注意一些细节处理，用笔排线应略有变化，避免过于呆板，把握基本几何形体找准明暗交界线即可。画这类植物时应注意"近实远虚"，靠后的枝条可以适当虚化，分出受光面和背光面。画树叶时从背光面开始画，先画深后画浅，最后画受光面。

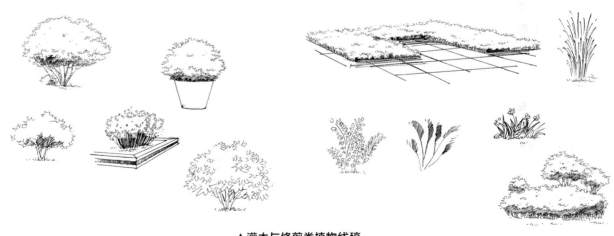

▲灌木与修剪类植物线稿

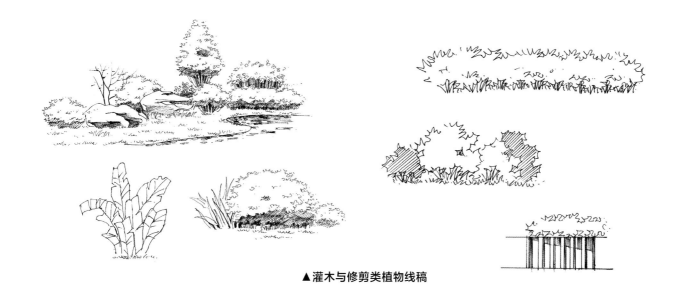

▲灌木与修剪类植物线稿

4. 棕榈科植物的表现

　　椰子树是建筑效果图中最常见的一种棕榈科热带植物，因为形式感强烈，作为主景区的植物之一。与前几种植物不同，椰子树的形态及叶片、树干都比较特别，处理时要把植物张扬的形态处理好。注意叶片从根部到尖部由大到小的渐变处理，以及叶片与叶脉之间的距离与流畅性，而树干的处理都以横向纹理为主、从上到下逐渐虚化。

　　棕榈树相对于椰子树而言比较复杂，处理时要把多层次的叶片及暗部分组处理，树冠左右要处理协调。绘制时可根据生长形态把基本骨架勾画出来，根据骨架的生长规律画出植物叶片的具体形态；在完成基本的骨架之后开始进行一些植物形态与细节的刻画；注意树冠与树枝之间的比例关系。

▲棕榈科植物线稿

5. 花草及地被的表现

花草根据其生长规律，大致可以分为直立型、丛生型、攀缘型。表现时应注意大的轮廓以及边缘的处理，可若隐若现，边缘处理不可太呆板。花草作为前景时需要将其形态特征进行深入刻画，作为远景时则不必刻画得那么细致。攀缘植物一般多应用于花坛或者花架上面，须尽量表现出其长短不一的趣味性，同时注意植物对物体的遮挡关系。

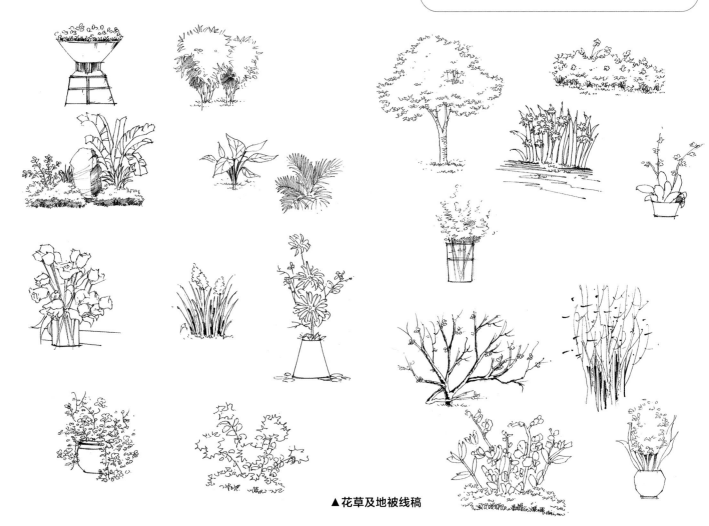

▲ 花草及地被线稿

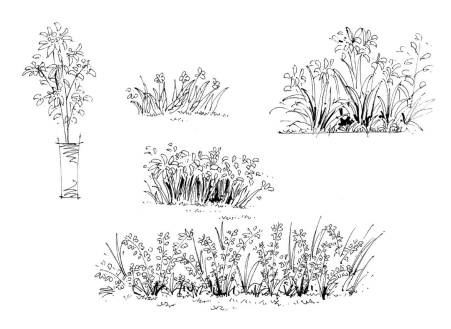

▲花草及地被线稿

▲建筑绿化植物线稿（金晓东）

远处树木采用不规则线条绘制。

位于画面中央的主要树木，采用绘图笔排列线条来表现暗部。

接近画面边缘的灌木采用较细的线条简单表现。

位于画面近处的芦苇草干，采用自由曲线与乱线相结合来表现。

3.1.2 建筑山石线稿表现

山石的轮廓明显，富于变化，是建筑效果图中很好的配景。山石的画法不一，在不同空间内表现形式也不一样。

国画中说"石分三面"，是说把石头视为一个六面体，勾勒其轮廓，将石头的左、右、上三个部分表现出来，这样就会有体块感，另外将三个面区分明确，然后再考虑石头的凹凸、转折、厚薄、虚实等，下笔时要适当地顿挫曲折，所谓下笔便是凹凸之形。

处理石头的时候要注意体块感、转折以及石头本身的质感和硬度，这里所说的硬度不是通过尖角来表现，而是通过线条的力度和线条组织出的结构形态来体现石头的硬度和体积，阴影的处理更能体现石头的空间感。注意，画石头时一定要注意暗部的虚实关系和阴影关系。

在刻画石头这一类材质的时候，要分面刻画，面与面之间要明显，表现山石时用线要硬朗一些，同时，"明暗交界线"是交代石头的转折面，也是刻画的重点，石头的亮面线条硬朗，运笔要快，线条的感觉坚韧。注意留出反光，也就是在暗部刻画时，反光面用线比较少。石头的暗面线条顿挫感较强，运笔较慢，线条较粗较重，有力透纸背之感。

石头的形态表现要圆中透硬，在石头下面加少量草地效果表现，以衬托地面着色效果。石头不适合单独配置，通常是成组出现，要注意石头大小相配的群组关系。

▲建筑山石线稿

▲建筑山石线稿

3.1.3　建筑门窗线稿表现

　　门窗是建筑立面的重要组成部分，建筑门窗的处理会直接影响建筑的整体效果。在刻画的时候，需要将门框及窗框尽量画得窄一些，然后增加厚度，这样才不会显得单薄，有立体感。一般凹进去的门窗、雨搭或者上沿部分会有阴影，注意处理。

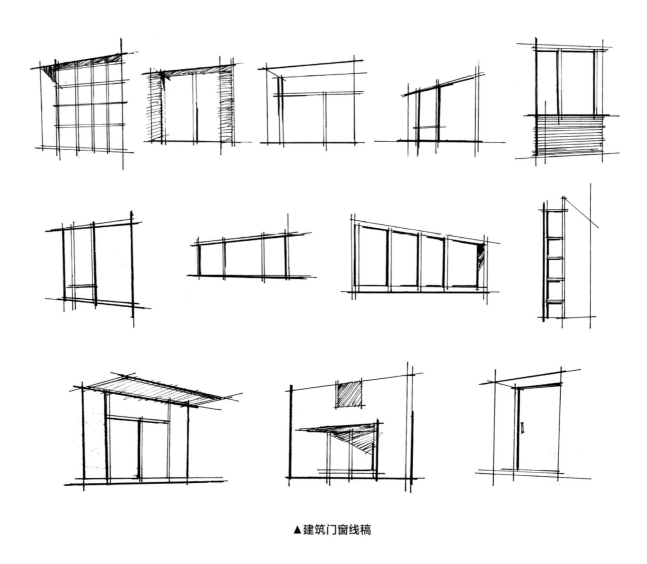

▲建筑门窗线稿

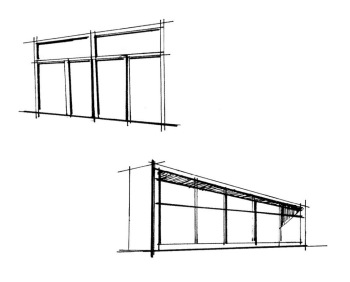

手绘贴士

线稿看似是对空间造型的表现，其实也是后期塑造色彩关系对比的前奏。线条的表现能力十分丰富，在绘画过程中，密集的线条排列能形成较深的阴影效果，这对后期着色具有明确的导向性。在潜意识中应自我设定对色彩与明暗的层次。在线稿绘制阶段，密集的线条至少能塑造 3 种不同的明暗层次，分别是非常密集的线条排列、一般密集的线条排列与无线条。

▲建筑门窗线稿

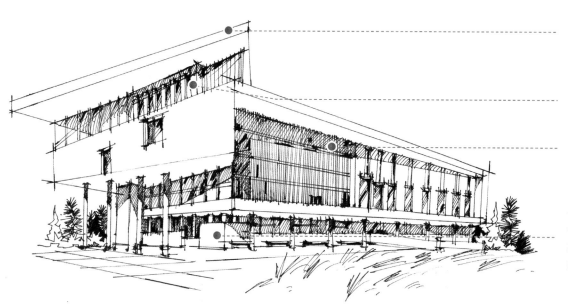

最高处的建筑屋檐用最简洁的线条来概括。

位于高处的门窗、木墙对比应当最强烈。

位于建筑侧面的门窗、木墙层次稍显弱些。

位于建筑下部的门窗，如果处于受光面，也应当进一步加深投影和反光，达到强化对比的醒目效果。

▲建筑门窗线稿

3.1.4　建筑体块线稿表现

　　阴影是物体受到光照射所表现的效果，是客观存在的物理现象，强调的是物体的形体结构，因此，一旦物体出现影子，我们就要想清楚光源来自哪里。光源分为点光源和线光源等，但我们在建筑手绘效果图中所指的光线统一为直线光。

　　有光线的地方就会出现阴影，光线与阴影是相互依存的。反之，我们可以根据阴影寻找光源和光线的方向，从而表现一个物体的阴暗调子，并正确处理其色调关系。

　　我们应先对对象的形体结构有正确的、深刻的理解和认识。因为光线可以改变影子的大小和方向，不能改变物体的形态和结构，而且物体并不都是规则的几何体，所以各个面的朝向不同，色调、色差和明暗都会发生变化。有了光影变化，建筑手绘表现才有了多样性和偶然性，因此，我们必须抓住形成物体体积的基本成分，即物体受光后出现了受光面、背光面以及中间层次的灰色，也就是我们常说的"三大面"。

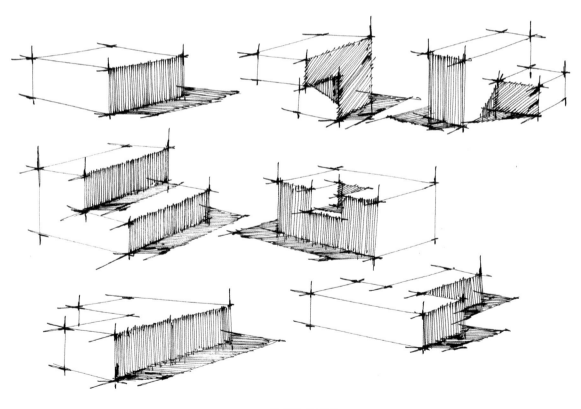

▲建筑体块线稿

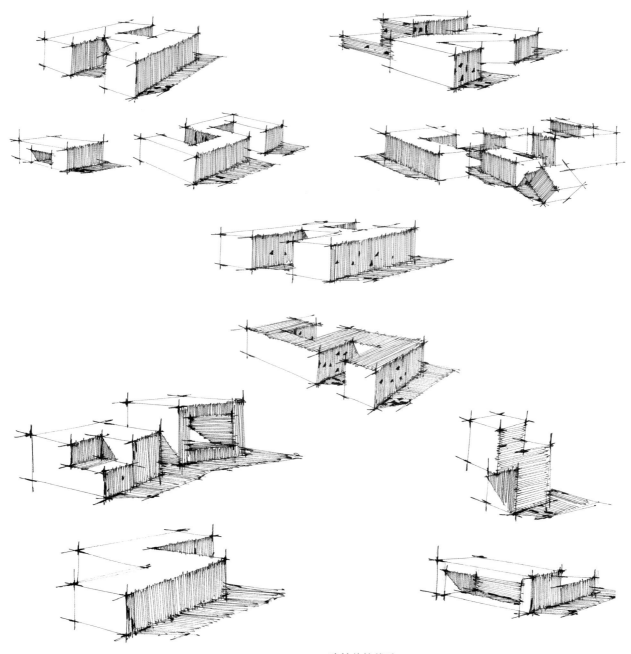

▲建筑体块线稿

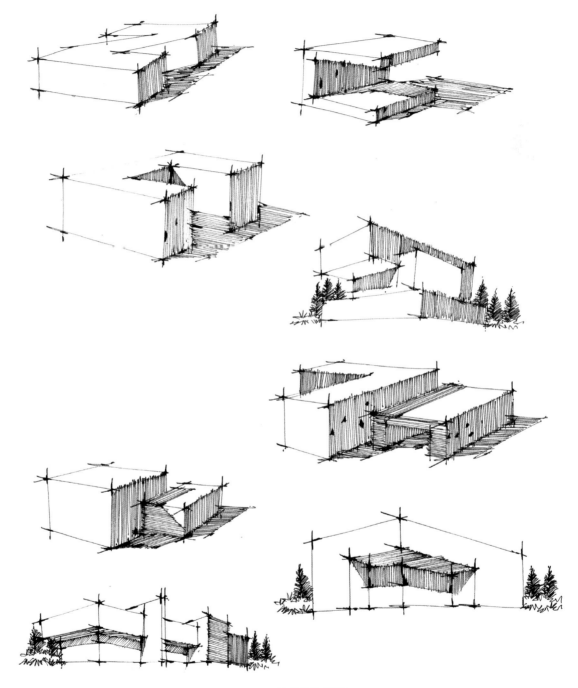

▲建筑体块线稿

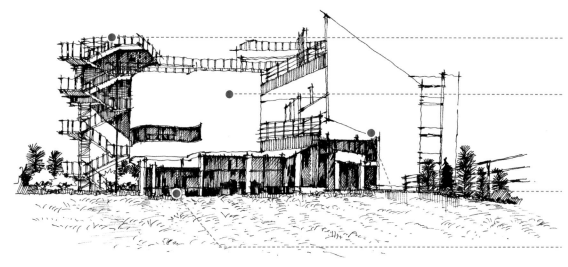

▲ 建筑体块线稿

复杂的建筑构造仍然要清晰表现，可以将栏杆细致刻画。

位于画面中央的受光面不作任何修饰，这种空白是建筑体块中最醒目的部位。

倾斜墙体在任何透视构图中都应当具有显著的变化，它是打破常规构图的重要手法。

位于画面底部的内凹体块，采用密集的竖向线条不断强化加深。

3.2 构成空间线稿表现

本节讲解不同空间类型的效果图表现技法与步骤，有一些只是简单的设计想法图示，耗费时间较短；有一些则需要花比较长的时间精细绘制，以供展示之用。

线稿是效果图绘制的基础，所以线稿的绘制很重要。线稿绘制的要点在前面已讲解过，即要求透视准确、比例尺度协调、虚实与疏密关系得当。

线稿表现需要注意构图、透视、比例和结构的刻画，再进行光影和细节的表达，让整个空间完整清晰地表达出来。一幅手绘作品的优秀程度很大一部分取决于前期线稿的表现。线稿是整张图纸的骨架，它包含了透视、比例、结构、材质、光影、形体等至关重要的手绘因素，所以前期线稿刻画要尽可能做到完整。

好的效果图要区分出前景、中景和远景三个层次，前景与远处的物体会递增展开，并且彼此不会遮挡。设计师若想创造出空间层次感，就需要选择自己的视野，想象自己处于平面图所要绘制的场景里，在脑海中安排、构思和计划所要表达的对象。一般来说，将一些前景元素表现出来，有助于形成画面的视觉感染力，这些元素可以是建筑、人物和植物等。

第5天 空间线稿

临摹 2 ～ 3 张 A4 幅面建筑空间线稿，注重空间构图与消失点的设定，融入陈设品与绿化植物等，采用线条来强化明暗关系，再对照实景照片，绘制 2 ～ 3 张 A4 幅面简单的建筑空间线稿。

3.2.1 小型办公楼建筑线稿表现

　　下图是一栋小型办公楼，可作为整张效果图进行练习，在注意其中的透视关系的同时，还要注意建筑的角度和比例关系。在定铅笔稿的时候，可以先确定画面主要物体的透视关系，但是不要定得太死，毕竟手绘是一种很感性的表现方式，需要表现作者的想法和感觉。画图的时候，视点要尽量压低。这种角度是我们画建筑最常用的角度，也比较适合表现建筑的形体。

　　先用铅笔确定形体和透视，不要在意细节，画出大致的形状。用绘图笔画出整体的形体线，把表现重点放在建筑的结构线上。进一步细化，加强体积感。处理细节，确定近、中、远景，加入一些明暗关系。通过阴影表现结构，确定大概的阴影关系。

　　根据形态把基本骨架勾画出来，在把握好透视和比例、结构的问题后可以开始添加建筑元素、结构和光影。进行背景植物处理，并加强整体空间处理，计建筑显得更生动，更丰富。结构线和建筑元素都画完以后就可以根据主要建筑调整构图和收边，并对图纸的四个角落进行处理，保证画面的整体感，调整好构图以后完善光影关系和画面的细节即可。

位于画面边缘的树干，不应完全遮挡建筑，树干与建筑之间相互穿插。

画面中心一点透视部位应当细致刻画。

用较粗的绘图笔强化建筑轮廓边角。

在画面近处的草坪与道路上，适当运用深色来表现树木或建筑的投影，能平衡整体画面的构图形式。

▲小型办公楼建筑线稿

下图是一栋小型办公楼，可先用铅笔勾勒画面整体的结构比例和透视关系，保证主要建筑的完整性，再以主要建筑为中心向周围展开，按照透视原理勾勒出透视线和主要构筑物的比例关系，勾勒透视线的时候要参考视平线来确定构筑物的高度和道路的宽度，不要让比例明显失调，允许存在误差，但不能出现明显的问题。

一点透视图在办公楼建筑中十分常用，其完全是通过周边绿化植物的形态变化来调节画面关系，因此容易形成呆板、僵硬的视觉效果。

主体建筑的投影采用短斜线平行排列，受一点透视图的影响，竖向排列线条会显得十分僵硬，而倾斜排列线条则恰到好处。此外，也要仔细考虑投影的表现部位，下图主要绘制落在玻璃上的投影，以此来强化玻璃的反光效果。

绘制好树木与周边植物形的体轮廓后，采用较粗笔触的勾线笔或深色马克笔，在阴影部位作点笔、摆笔强化树木的层次感。

地面铺装井格线应严格采用一点透视原理进行绘制，但是不宜完全封闭，线条中央应保留断续空间，反映出铺装纹理的真实感。地面周边的草丛和灌木可采用精简的线条，甚至是粗犷的线条进行绘制，这样能衬托出建筑的精致感。

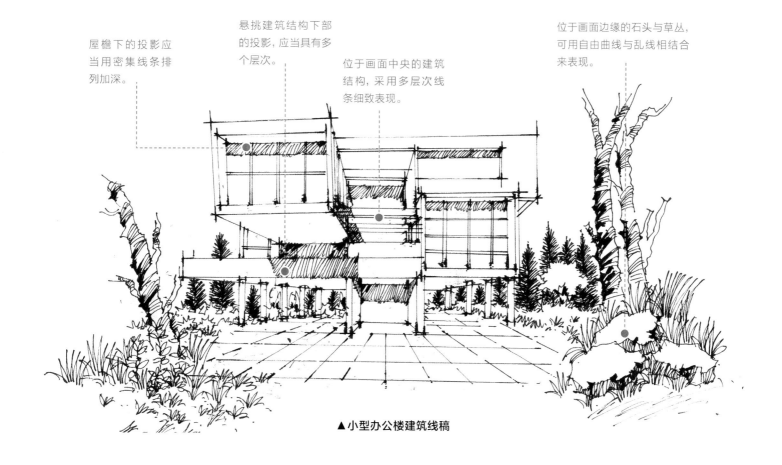

屋檐下的投影应当用密集线条排列加深。

悬挑建筑结构下部的投影，应当具有多个层次。

位于画面中央的建筑结构，采用多层次线条细致表现。

位于画面边缘的石头与草丛，可用自由曲线与乱线相结合来表现。

▲ 小型办公楼建筑线稿

3.2.2 艺术博物馆建筑线稿表现

观察画面构图，确定是两点透视空间；明确视平线的高度，确定消失点在画面左右的位置，并在视平线上找到消失点。

确定空间内的框架、结构和构筑物的高低关系，大致勾勒出周围环境的关系，用以观察整张图纸的构图关系。根据近景慢慢往中景和远景推进，物体的落地面一定不能高出视平线，始终保持近景、中景、远景的关系，让图纸充满层次感，有足够的空间感。

建筑物的轮廓画出来以后应完善周围的植物配景。植物处理时应注意高低、前后的空间关系，整个画面保持干净、整洁，结构、比例、透视交代清楚即可。建筑物都画完以后可以开始绘制远景，远景用来烘托周边环境，应采用概括、简洁的表达方式，不宜画得太复杂。远景中的植物依然采用概括的处理手法，不要画太多细节，最后调整构图和表现光影关系即可。

在结构和比例的关系画准确以后，确定光源方向，开始添加明暗关系，以表现构筑物和植物的体量关系。根据空间的远近处理好虚实关系，近处的场景可以适当表现细节和材质特征。

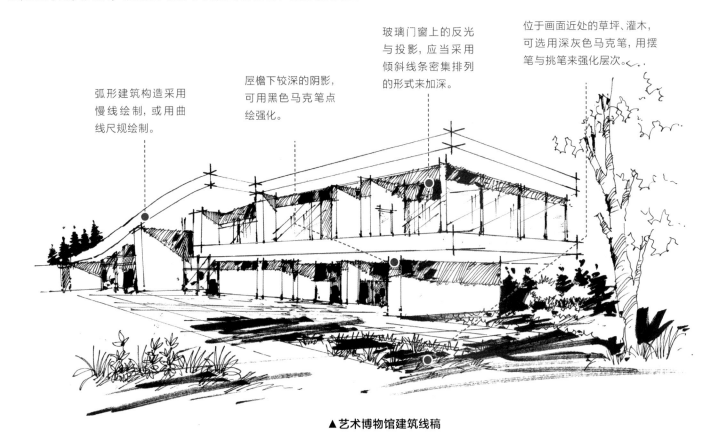

弧形建筑构造采用慢线绘制，或用曲线尺规绘制。

屋檐下较深的阴影，可用黑色马克笔点绘强化。

玻璃门窗上的反光与投影，应当采用倾斜线条密集排列的形式来加深。

位于画面近处的草坪、灌木，可选用深灰色马克笔，用摆笔与挑笔来强化层次。

▲艺术博物馆建筑线稿

　　观察画面中的构图形式，确定是两点透视空间；明确视平线的高度，确定消失点在画面左右的位置，并在视平线上找到消失点。可先用铅笔勾勒画面整体的结构比例和透视关系，保证主要建筑的完整性，再以主要建筑为中心向周围展开，这样不仅交代了主要的建筑，也大致交代了建筑所在的环境。

　　把空间的主要建筑物的结构线绘制出来，同时要明确视平线的高度和消失点的位置，在对大的空间有所掌控的情况下，可以先适当地画一些建筑物细节，从近景往远景展开，但是要随时注意视平线的位置，以此来判断后面物体的高度和宽度。

　　该建筑取景构图中视平线较低，两点透视能表现出丰富的建筑外墙造型。建筑外墙中的凹凸主要通过明暗、深浅关系来表现，在内凹部位密集排列平行线，甚至可以完全填黑，在外凸部位不绘制任何有层次的线条，仅在远处建筑外墙上整齐排列竖向线条来区分真实的色彩与明暗关系。

　　运用灵活多样的线条表现近处地面草丛与绿化植物，采用黑色或深灰色马克笔强化乔木在地面上的投影。

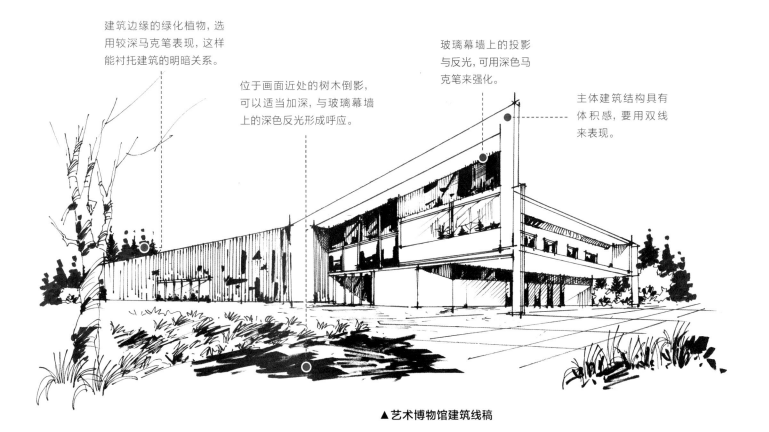

建筑边缘的绿化植物，选用较深马克笔表现，这样能衬托建筑的明暗关系。

位于画面近处的树木倒影，可以适当加深，与玻璃幕墙上的深色反光形成呼应。

玻璃幕墙上的投影与反光，可用深色马克笔来强化。

主体建筑结构具有体积感，要用双线来表现。

▲ 艺术博物馆建筑线稿

3.2.3 山地游客中心建筑线稿表现

下图是一个游客中心，可作为整张效果图进行练习，在注意其中透视关系的同时，还要注意建筑的角度和比例关系。画图的时候，视点要尽量压低。这种角度是我们画建筑最常用的角度，也比较适合表现建筑的形体。

丰富多变的异形建筑存在多个面，在线稿绘制阶段不要轻易表现明暗关系，可以根据设计材料的要求来绘制平行线，强化木纹材质的纹理。在建筑外墙暗部采用点笔、摆笔来强化树木的投影，但数量不宜过多。

远景树木排列整齐，具有秩序感，与不规则的建筑造型形成对比。近处树干形体绘制清晰，但是不宜表现树梢与树叶，以免与建筑造型发生冲突。

绘制地面铺装的井格线条时应自然、随意，这样可使其与建筑外形相互融合，在中央部位适当留白，左右两侧地面绘制横向平行线，强化地面明暗对比。

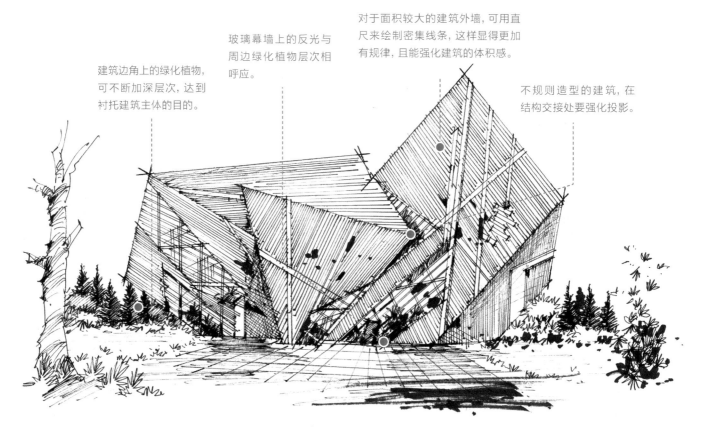

建筑边角上的绿化植物，可不断加深层次，达到衬托建筑主体的目的。

玻璃幕墙上的反光与周边绿化植物层次相呼应。

对于面积较大的建筑外墙，可用直尺来绘制密集线条，这样显得更加有规律，且能强化建筑的体积感。

不规则造型的建筑，在结构交接处要强化投影。

▲山地游客中心建筑线稿

　　下图是山地游客中心建筑，采用高视平线构图。视平线设置在高处，能鸟瞰山地形态，表现设计主题，但是画面内容较多，加大了绘画难度。

　　为了降低难度，提高效率，可以对建筑形体进行异形设计，即不采用方正的形体结构，只寻求大体的透视关系，从视觉上能看出其中存在透视关系即可，满足设计表现的需要。最重要的是采用直尺辅助绘制，多采用三角形组合，重点表现出横梁等构造。

　　该效果图是鸟瞰图，因此应弱化在明暗关系，强化建筑底部的阴影。建筑底部的阴影可通过密集排列平行线条进行绘制，而建筑外墙采用的是木质结构，则可通过竖向排列平行线条来表现材质。

　　近景、中景不宜表现乔木，采用简化线条绘制适量灌木即可；远景可绘制直线形山川轮廓，再搭配小体量的乔木进行衬托。除了建筑以外，所有的形体结构与配景都要简化表现，这也为后期着色的轻重与主次关系奠定基础。

远处的山川使用不规则、曲直结合的线条来表现。

位于画面中景的树木，可采用相似的形体反复表现。

建筑主体结构的特异形体，应当采用多根线条细致表现，强化形体结构的体积感。

建筑结构的内凹角轮廓应当加深，以区分相邻面域。

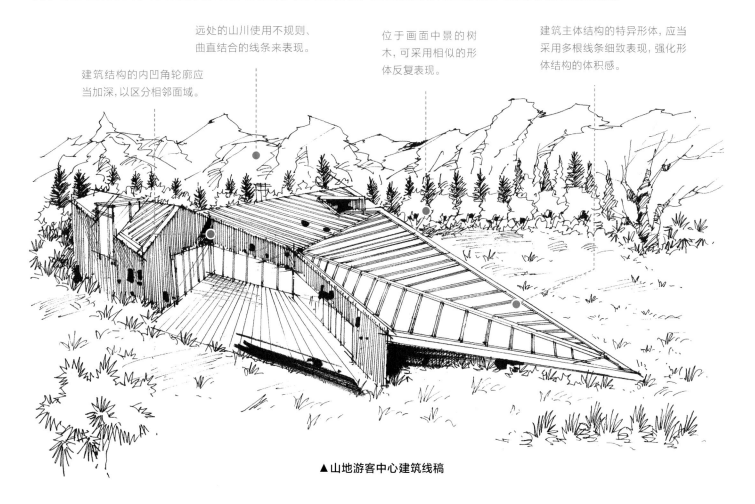

▲山地游客中心建筑线稿

3.2.4 图书馆建筑线稿表现

下图是一栋图书馆，可先用铅笔勾勒画面整体的结构比例和透视关系，保证主要建筑的完整性，再以主要建筑为中心向周围展开。建筑外墙为不规则形态，可将外墙造型碎片化表现出来，不必明确强调是一点透视还是两点透视，因为建筑的形体结构已经成为画面的视觉中心。

为了提升建筑构造的层次感和丰富性，在建筑外墙又围覆了一层钢架，让原本单调的玻璃幕墙显得更有层次感，同时也能弱化明暗对比和投影的表现。下图仅简单表现了建筑屋檐在玻璃幕墙上的投影。部分外墙采用石料垒砌装饰，采用黑色马克笔点缀以增加层次。

地面铺装只绘制单方向线条，即纵深线条，简化绘制水平线条，这样可以提高空间的纵深感。

周边树木呈图案化表现，即将不同品种的树木重复绘制，形成面域体块效果。

对倾斜屋顶密集排列的平行线条，均采用直尺辅助绘制，但应注意疏密变化。

位于暗部与阴影下的玻璃幕墙，应当保持完整的形体结构，只在表面覆盖一层平行线条即可。

建筑受光面的明暗层次，也应当有所反映，采用直尺来绘制平行线条，能表现出该面域是深色。

采用直尺绘制密集平行线，来强化暗部层次。

位于画面前方的灌木可采用自由曲线与乱线来随意绘制。

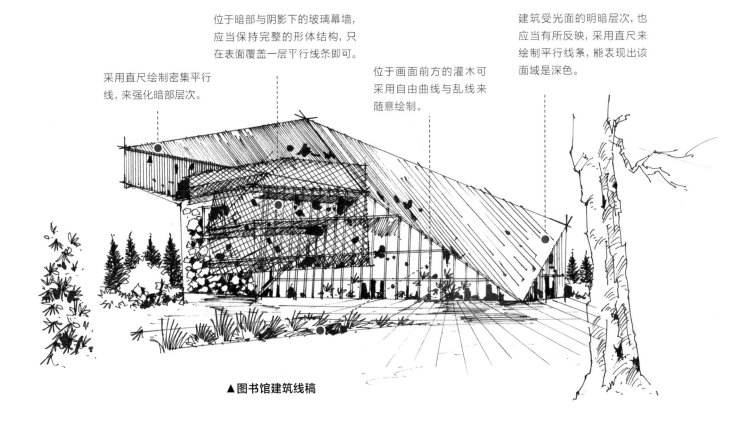

▲图书馆建筑线稿

高耸的建筑屋顶采用直尺绘制。

屋顶上采用密集线条来表现树木的投影。

建筑构造内部的背光面加深层次感。

使用深色马克笔在树木上作点笔，强化画面的明暗对比。

▲ 建筑线稿

建筑结构中最暗的部位应当是距离光源最近的部位，一般位于屋顶最高侧投影阴暗部。

在建筑屋檐的阴影范围内，要区分出多个层次，丰富暗部画面效果。

水平排列线条能表现木质结构纹理。

加深建筑周边树木，能衬托建筑主体结构。

▲ 建筑线稿

绿化树丛中，采用深色马克笔作点笔来强化对比。

在较通透的大面积玻璃幕墙上，采用绘图笔倾斜绘制几根线条，可以表现清澈透明的质地。

位于建筑结构侧面的竖向平行线，应当采用直尺绘制。

画面中心的内凹结构，要加深投影颜色。

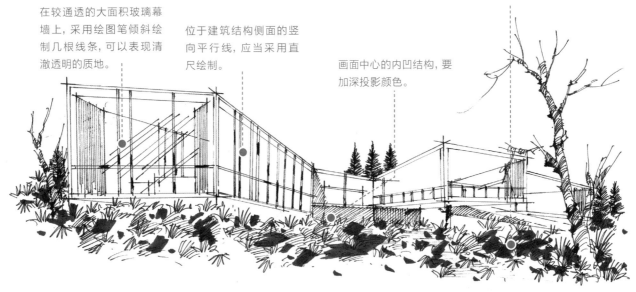

▲建筑线稿

清晰表现建筑结构，结构与明暗层次相互衬托。

建筑底部结构的投影，应当分多个层次来表现。

除了采用竖向平行线条加深层次感以外，还可以在局部叠加倾斜线条。

建筑周边的绿化植物，明暗对比加强，能衬托主体建筑。

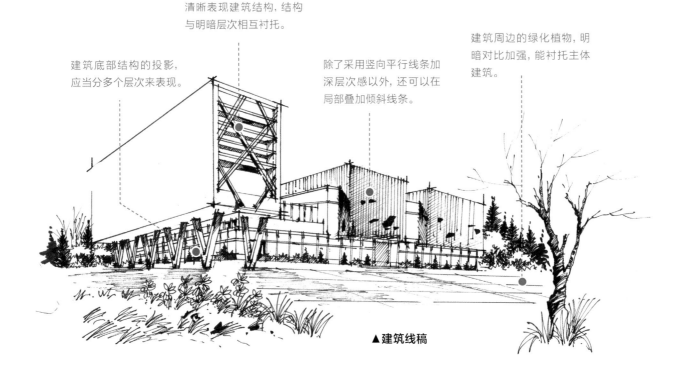

▲建筑线稿

03 高分手绘营 建筑设计手绘效果图表现

建筑结构的支撑部件虽然纤细，但是也要仔细绘出各个部分的体积关系。

采用慢线绘制建筑主体轮廓，如果对形体结构把握不佳，可预先用铅笔与直尺来绘制基础轮廓。

采用绘图笔表现阴影时，不一定都是平行线，具有规律的非平行线也能表现出渐变感。

位于画面近处的绿化植物，可采用乱线绘制，但是横向应保持整齐排列的状态。

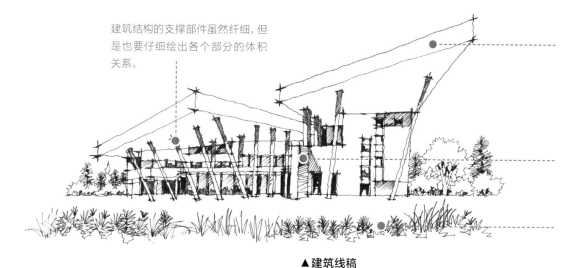

▲ 建筑线稿

在建筑结构的阴暗部，可适当采用深色马克笔来强化层次感。

采用快线绘制的竖向线条，长度有保证，适当断续能体现出强烈的设计感。

建筑受光面的门窗结构应当精致刻画，它是画面的重点。

建筑周边的绿化植物，应当选用两三种造型，保持前后、高低错落。

▲ 建筑线稿

位于后部的建筑结构受
光面,也可以采用斜线作
少许覆盖。

复杂的建筑结构相互
穿插,应当具有严谨
的逻辑关系。

建筑暗部的墙面材
质,应当细致表现。

石头造型采用不规则的直
线和折线来绘制,采用竖
向线条来表现暗部层次。

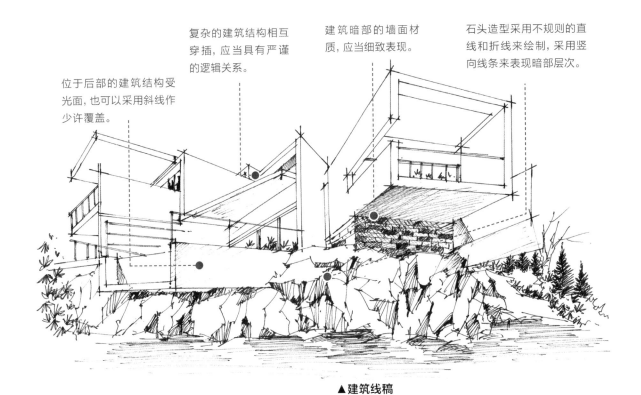

▲建筑线稿

石头缝间的绿化植物可
采用乱线绘制。

玻璃幕墙上的反光可反
映树木形态。

采用竖向平行线条
来强化暗部阴影。

近处的灌木与草坪,可用
倾斜线条来表现,模拟出
有风刮过的迹象。

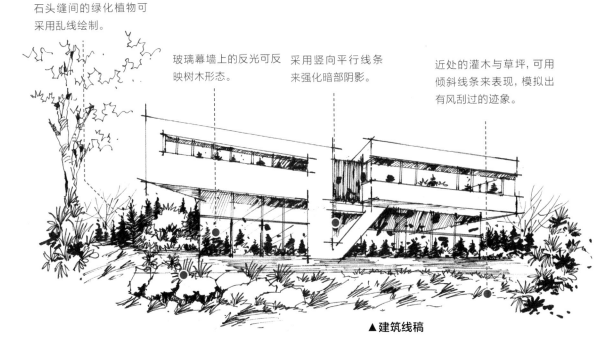

▲建筑线稿

建筑手绘着色表现

识别难度

★★★★★

核心概念

色彩、马克笔、彩色铅笔、
运笔、留白、对比。

章节导读

本章介绍建筑空间着色的基
本要领，对建筑设计手绘效
果图中常用的陈设、配饰、
绿化植物等进行分类，重点
讲解单体着色与空间着色的
绘制方法，列出部分优秀空
间着色实例作品并进行深入
分析。

色彩影响室内空间的层次感、舒适性、环境和心理，往往优于形体的变化。我们在绘制建筑设计手绘效果图时，也要善于利用色彩，使画面中的空间看起来更像一个真实的空间，以达到预期的手绘效果。

手绘效果图的色彩与纯粹绘画中千变万化的色彩不同，不需要太注重色彩的关系，因此，本节只为初学者讲解颜色的基本知识。

马克笔着色很出效果。马克笔的效果来自马克笔色彩的干净、明快，能形成强烈的明暗对比、色彩对比。此外，马克笔颜色、品种多，便于选择也是其重要优点。但是马克笔也存在缺点，如不能重复修改、必须一步到位、笔尖较粗、很难刻画精致的细节等，这些就需要我们在绘制过程中克服。

本书图例所选用的马克笔是 Touch 牌 3 代产品，价格便宜，色彩多样，其中包括灰色系列中的暖灰（WG）、冷灰（CG）、蓝灰（BG）、绿灰（GG），能满足各种场景效果图使用，可以将买到的马克笔制成一张简单的色卡，贴在桌旁，在绘制时可以随时参考。

4.1.1　常规技法

1. 平移

平移是最常用的马克笔绘制技法。下笔的时候，速度要干净利落，将平整的笔端完全与纸面接触，快速、果断地画出笔触。起笔的时候，不能犹豫不决，不能长时间停留在纸面上，否则纸上会有较大面积积墨，形成不良效果。

▲平移

▲马克笔色卡

2. 直线

用马克笔绘制直线与用绘图笔或中性笔绘制直线方法相同，一般用宽头端的侧锋或用细头端来画，下笔和收笔时应当作短暂停留，停留的时间甚至短到让人察觉不到，主要目的是形成比较完整的开始和结尾，不会让人感到轻浮。由于线条细，这种直线一般用于确定着色边界，但是也要注意，不应将所有着色边界都用直线来框定，否则会令人感到僵硬。

▲直线

3. 点笔

点笔主要用来绘制蓬松的物体（如植物、地毯等），也可以用于过渡，活跃画面气氛，或用来给大面积着色作点缀。在进行点笔的时候，注意要将笔头完全贴于纸面。点笔时可以作各种提、挑、拖等动作，使点笔的表现技法更丰富。虽然点笔是灵活的，但它也应该具有方向性和完整性。我们必须控制边缘线和密度的变化，不能随处点笔，以免画面凌乱。

▲点笔

4.1.2 特殊技法

1. 扫笔

扫笔是在运笔的同时快速地抬起笔，并加快运笔速度，速度要比摆笔更快且无明显的收笔。注意，无明显收笔并不代表草率收笔，而是用笔触留下一条长短合适、由深到浅的笔触。扫笔多用于处理画面边缘或需要柔和过渡的部位。如果有明显的收尾笔触的话，就不会画出来衰减效果。扫笔是我们需要掌握的基本技巧之一。

▲扫笔

2. 斜笔

斜笔技法用于处理菱形或三角形着色部位，这种运笔对初学者来说难以掌握，在实际运用中也不多。斜笔可以通过调整笔端倾斜度画出不同的宽度和斜度。

▲斜笔

3. 蹭笔

蹭笔即用马克笔快速地蹭出一个面域。蹭笔适合渐变部位着色，画面效果会显得更柔和、干净。

▲蹭笔

4. 重笔

重笔是用 WG（9 号）、CG（9 号、120 号）等深色马克笔来绘制，在一幅作品中不要大面积使用这种技法。重笔仅用于投影部位，在最后调整阶段适当使用，主要作用是增加画面层次，使形体更加清晰。

▲重笔

5. 点白

　　点白工具有涂改液和白色中性笔两种。涂改液用于较大面积点白，白色中性笔用于细节精确部位点白。点白一般用于受光最多、最亮的部位，如光滑材质、玻璃、灯光、交界线等亮部。如果画面显得很闷，也可以点一些。但是点白不是万能的，不宜用太多，否则画面会看起来很脏。

▲点白

门窗玻璃上除了着色还采用绘图笔紧密排列线条来加深层次感。

天空云彩采用马克笔宽头作点绘，选用两种蓝色相互融合。

建筑屋檐暗部颜色加深，与屋檐侧面受光部位形成对比。

近处灌木与石头采用短摆笔与点笔绘制。

▲建筑效果图运笔技法

第6天 **着色特点**

　　临摹 2～3 张 A4 幅面建筑材质效果图，注重材质自身的色彩对比关系，着色时强化记忆材质配色，区分不同材质的运笔方法。分清构筑物的结构层次和细节，对必要的细节进行深入刻画。

4.1.3　材质表现

在建筑设计效果图表现中，各种墙、地面的材质是表现的重点，材质的真实性直接影响效果图的质量。仔细观察生活中所有物体表面材质，会发现不同材质的区别在于明暗、色彩对比。对比强烈的主要是玻璃、瓷砖、抛光石材等光洁的材质，对比不强烈的主要是涂料、砖石等粗糙的材质。

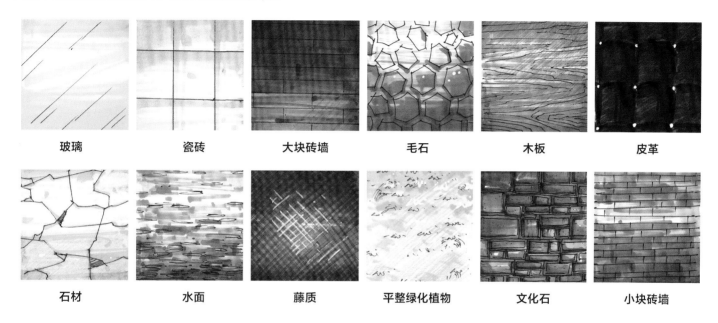

| 玻璃 | 瓷砖 | 大块砖墙 | 毛石 | 木板 | 皮革 |

| 石材 | 水面 | 藤质 | 平整绿化植物 | 文化石 | 小块砖墙 |

▲各类常用材质单体表现

4.2　彩色铅笔表现特点

彩色铅笔是手绘中常用的工具。对于彩色铅笔，我们通常选择水溶性的，这是因为它可以很好地与马克笔的笔触融为一体。彩色铅笔色彩丰富、细腻，笔画更细。彩色铅笔的优点在于处理画面细节，它们可以在画面的过渡、完美、统一中发挥作用。如灯光色彩的过渡、材质纹理的表现等。有时可以直接用彩色铅笔画草图，使用彩色铅笔作画时要注意空间感的处理和材质的准确表达，避免画面太艳或太灰。但因为其颗粒感较强，对于光滑质感的表现感稍差，如玻璃、石材、亮面漆等。

彩色铅笔也可以在钢笔线稿上着色，也可以直接绘制和着色。彩色铅笔的基本画法分为平涂和排线，可以像画素描一样排线，结合素描的线条进行塑造。由于铅笔有一定的笔触，所以，在平涂和排线的时候，要注意线条方向，要有一定的规律，轻重也要适度。由于彩色铅笔色彩叠加次数多了画面会脏，所以用色一定要准确、下笔一定要果断，尽量上一遍色即达到画面所要表现的大概效果，然后再深入调整刻画细节。

彩色铅笔易于掌握，具有很强的遮盖能力。它们可以任意搭配颜色，强调厚重感。同时，它也弥补了马克笔单色的缺陷，可以连接马克笔笔画之间的空白。

▲ 彩色铅笔笔触

4.3 单体着色表现

着色练习时，也可以单独表现一些局部。局部使用一些环境色，可以使整体色彩更加丰富和谐。巧妙运用色彩能使作品更加精彩，给人更深刻的印象。色彩可以更真实、更准确、更生动地表现艺术形象，使之更具吸引力和艺术感染力。在练习时，我们通常先画好单体，然后把不同单体组合在一起，特别是要注意单体形式之间的关系，如尺寸关系、透视关系、虚实关系等。

4.3.1 建筑植物着色表现

1. 乔木

乔木相对于灌木而言更高大。近处的乔木多以单株为主，在绘制时要确定好主次。乔木的形体画法与灌木相当，树冠的抖动线轮廓也非常重要，要多练习才能绘制出自然、生动的形体效果。在绘制抖动线时，应注意流畅性及植物形态的变化性，不宜画得太慢，太慢会比较僵硬，显得不自然；也不宜画得太快，太快会显得很随意，画不准结构和形体。绘制枝干时应注意线条不要太直，要用比较流畅且生动自然的线条；也要注意枝干分枝位置的处理，要在分枝处增加节点。

常见的樟树、松树的画法比较简单，与灌木相同，但是热带乔木的画法较复杂，需要重点练习。例如，绘制椰子树时要注意叶片从根部到尖部的渐变过渡，保证叶片与叶脉之间的距离与流畅性，树干以横向纹理为主，从上到下逐渐虚化。注意叶片是连续画成的，由大到小，树干以顶部为暗部，向下逐渐虚化。椰子树着色与常规植物不同，要根据叶片形态来确定笔触方向，要注意后方叶片是冷色处理，注意近暖远冷的色彩搭配。而棕榈相对于椰子树而言更复杂，表现时要将多层次叶片与暗部分组绘制。热带树种能进一步丰富室外建筑、建筑效果图画面，是当下比较流行的配景。

马克笔真正的精髓在于明暗对比，在乔木的表现上特别突出，浅色植物被深色植物包围，而深色植物周边又是浅色天空或建筑，乔木自身又有比较丰富的深浅颜色变化，因此，只要掌握好运笔技法与颜色用量，就能达到满意的画面效果，但要注意虚实变化，注意植物暗部与亮部的结合。马克笔点画的笔触非常重要，合理利用点笔，画面效果会显得自然生动。

第7天　单体着色

先临摹 2 ~ 3 张 A4 幅面建筑效果图中常用的绿化植物、山石、门窗等，厘清结构层次，特别注意转折明暗交接线部位的颜色，再对照实景照片，绘制 2 ~ 3 张 A4 幅面简单的小件物品。

▲乔木着色表现（程子莹）

乔木的绘制技法很多，很容易画好，但是在大多数情况下，不能过度刻画，否则会抢占画面中心构造的主体地位。对常用的几种绿色要了如指掌，快速选笔着色、一次成型是考试获取高分的关键，最忌在乔木上反复涂改，画面脏污会影响最终得分。

▲乔木着色表现（程子莹）

2. 灌木

　　常见的室外植物主要分为灌木和乔木两类。其中，灌木比较低矮，成丛、成组较多，在现实生活中的形态非常复杂。在手绘效果图中，不可能把所有树叶与枝干都非常写实地刻画出来，因此，要对灌木的形体进行概括。最常见的形体绘制方法就是运用曲直结合的线条来绘制外轮廓，这种线条又称为抖动线。具体画法是一直二曲，即先画一段直线，再画两段曲线，曲线与直线相结合，在适当的部位保持一定的空隙，通过这种表现方式能将树叶的外形快速表现出来。要特别注意的是，不要将灌木的外形表现得太僵硬，正常植物的形态应当非常自然，即使是经过修剪的灌木轮廓，也要表现得轻松、自然。

　　大多数灌木都用简单的绿色来表现，首先，用浅绿色全覆盖，大面积平铺时也要注意笔触的变化，平移与点笔交互，注意笔触的速度不宜太快，太快会留下很多空白。然后，用中间偏浅的绿色绘制，这时以点绘为主，多样变化笔触。注意保留浅色区域不要覆盖。接着，用较深的绿色绘制少量暗部，不宜选用太深的绿色或深蓝绿色，以免层次过于丰富，超越了主体建筑或景观。如果觉得颜色不够深，可以继续使用深绿色彩色铅笔在暗部与部分中间部位倾斜45°排列线条，平涂一遍。最后，待全部着色完毕后，可以有选择地在亮部、中间部位采用涂改液少量点白，来表现镂空的效果。

　　当整幅效果图绘制完毕后，可以纵览全局，有选择地在主要灌木底部点上少量黑色，进一步丰富灌木的层次感，增强画面中明暗对比效果。

　　此外，还需要注意的是，如果灌木在画面中的面积较大，可以考虑丰富灌木的颜色，除了绿色外，还可以选用黄绿色、蓝绿色、蓝紫色等颜色绘制不同品种的灌木，更能丰富画面效果。

▲ 灌木着色表现（程子莹）

树体中央明暗过渡面
采用点笔表现。

树梢顶部一般不着
色，用来表现顶部受
光最强。

用涂改液在暗部适当
点白，用于表现树叶
之间的透光效果。

位于地面的树木阴影
也要采用两种颜色来
丰富画面效果。

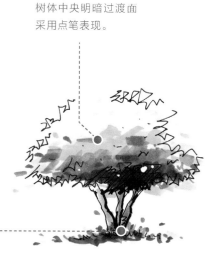

扫码看视频

▲ 灌木、乔木着色表现（程子莹）

4.3.2 建筑山石着色表现

在建筑设计中，山石的表现有动静之分，有深有浅。我们在表现山石材质和形态的时候，用笔要干脆，根据不同的石材表现不同的色彩，最主要的是表现石头的体块感。

石头上色不要太复杂，主要用冷灰色或者暖灰色，应按照线稿的结构来处理石头的色彩以及明暗的变化。石头的种类不同，冷暖色调的运用也有所不同。大多数水体旁都有山石，可以用褐色、棕黄色、灰色系列马克笔绘制，运笔要果断、肯定，尽量用短直线运笔，表现出石材的坚硬质感，注意明暗面的素描关系。

▲建筑山石着色表现（程子莹）

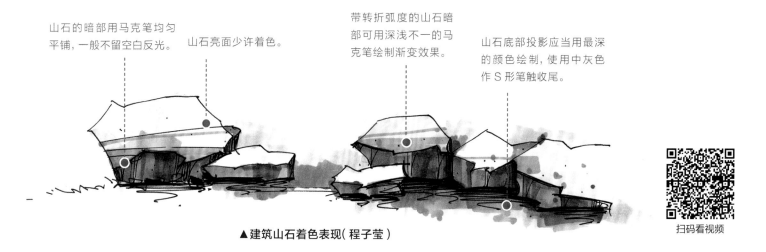

山石的暗部用马克笔均匀平铺，一般不留空白反光。

山石亮面少许着色。

带转折弧度的山石暗部可用深浅不一的马克笔绘制渐变效果。

山石底部投影应当用最深的颜色绘制，使用中灰色作 S 形笔触收尾。

扫码看视频

▲建筑山石着色表现（程子莹）

4.3.3　建筑天空云彩着色表现

　　天空云彩一般都是在主体对象绘制完成后再绘制，因此可以不用铅笔来绘制轮廓，但是轮廓的形体范围要做到心中有数。在室外效果图中，需要绘制天空云彩的部位是树梢和建筑顶部。树梢和建筑顶部本身就是受光面，颜色很浅，在这些构造的轮廓外部添加天空云彩就是为了起到衬托作用，因此，绘制云彩的颜色一般是浅蓝色、浅紫色，重复着色两遍就可以达到比较好的明暗对比效果。

　　绘制天空云彩时运笔速度要快，可以快速平移配合点笔来表现，在一朵云上还可以表现出体积感。云彩的着色深浅程度应当根据整个画面关系来确定，对于画面效果很凝重的效果图，可以在马克笔绘制完成后，选用更深一个层次的同色彩色铅笔，在云朵的暗部呈 45°角整齐排列线条，甚至可以用尖锐的彩色铅笔来刻画树梢与建筑的边缘。

▲建筑天空云彩着色表现（程子莹）

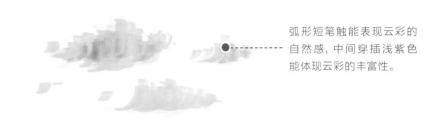

弧形短笔触能表现云彩的
自然感，中间穿插浅紫色
能体现云彩的丰富性。

适度穿插一些深色能
表现云彩的体积感。

扫码看视频

适当运用点笔能表现
云彩的丰富效果。

▲建筑天空云彩着色表现（程子莹）

4.3.4　建筑门窗着色表现

　　门窗是建筑立面上的重要组成部分，建筑门窗的处理会直接影响建筑的整体效果。我们在刻画的时候，需要将门框及窗框尽量画得窄一些，然后添加厚度，这样才显得不单薄、有立体感。一般凹进去的门窗、雨搭或者上沿部分会有阴影，注意处理。

　　我们通常用蓝色来刻画玻璃，如何处理玻璃光滑的质感是画玻璃的重点部分。在处理光滑材质的时候，需要用强烈的对比来塑造。例如最重的地方会直接使用黑色，最亮的部分会直接留白，或者用白笔提亮。现代建筑对玻璃材质的应用很多，因此，我们应该在玻璃材质的刻画上多下功夫。

▲建筑门窗着色表现（程子莹）

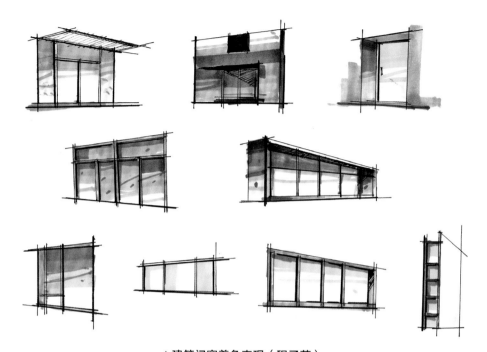

▲建筑门窗着色表现（程子莹）

门窗结构的侧面面积很小，对深色部位应进一步加深才能衬托亮部。

凸出的建筑结构处于边缘，受光明显，一般不着色。

玻璃颜色一般采用深绿色或深蓝色进行表现，逐渐向下推延到浅色或白色，中间点绘涂改液用于表现较强的反光。

面积较大的玻璃应当采取渐变笔触来表现反光色彩。

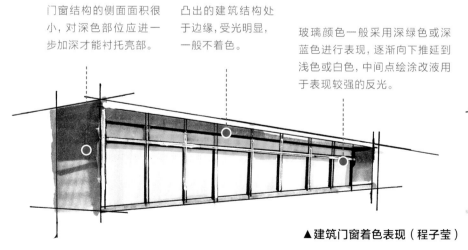

▲建筑门窗着色表现（程子莹）

扫码看视频

4.3.5 建筑体块着色表现

建筑体块着色练习十分重要，不能仅依靠平涂覆盖这一简单技法，应当把控好以下3点。

（1）平面着色时，运笔不宜完全横平竖直，这是因为大多数建筑外墙为菱形面域，横平竖直运笔会使边缘形成大量空白，需要多次填涂，因此可以倾斜运笔，让主要填涂笔触倾斜覆盖在体块面域上，适当保留间隙形成高光或反光，同时也为后期第二遍着色留有余地，形成丰富多变的效果。

（2）适当运用彩色铅笔来丰富体块表面的质感，彩色铅笔的颜色要比马克笔颜色更深，可先用马克笔着色，再用彩色铅笔排列线条，彩色铅笔还能在受光面表现纤细的石材纹理。

（3）投影与周边环境色彩应当与建筑体块的固有色形成衬托。如果体块面域着色较深，周边环境或投影应当较浅或更深；如果体块面域着色较浅，周边环境或投影肯定要深。这种衬托是建筑体块呈现对比效果的通用模式。

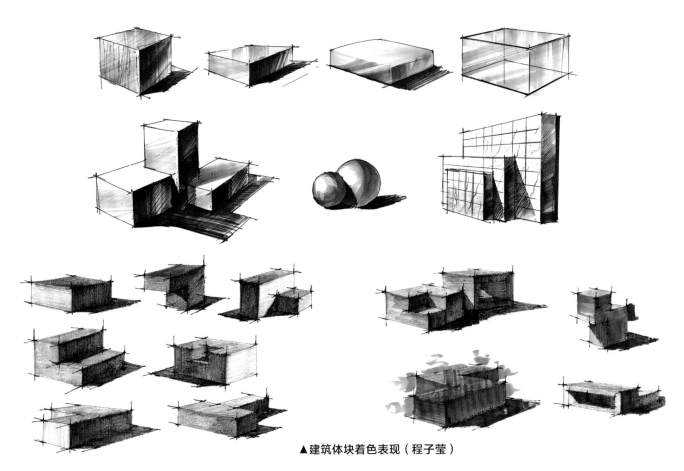

▲建筑体块着色表现（程子莹）

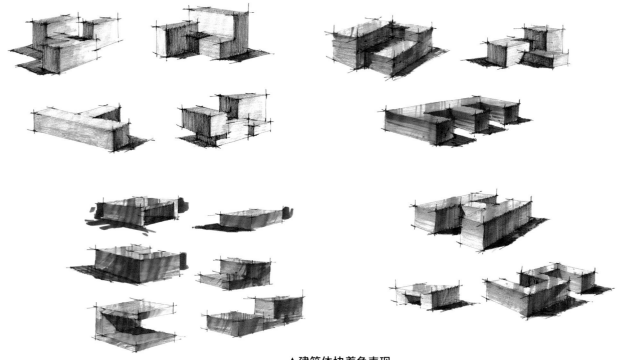

▲建筑体块着色表现

马克笔运笔时应适当留白，能体现高光与最亮部位的精致感。

建筑主体的配色规律是先选择两种近似的固有色，再搭配一种较浅的灰色，亮面与过渡面用这三种颜色来区分，区分方式是深浅变化。

马克笔着色后选用较深的同色彩色铅笔覆盖一遍能让画面显得更具有整体感，同时也是区分质地的最佳方式。

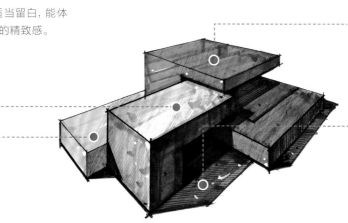

建筑外围用马克笔来衬托亮部。

▲建筑体块着色表现

扫码看视频

4.4 建筑空间着色表现

建筑空间感通常用体块的手法来处理。色彩冷暖的变化与空间感的处理密切相关。空间的设计重点是远近、虚实的空间变化处理。明暗过渡是指光的表现，不同的材质在光的影响下都会产生变化，建筑光的效果是固定的，但在日光的影响下，空间会产生多种变化。

设计师可根据前期拟定的色调，选择合适的马克笔着色。先铺大面积的颜色，用马克笔画出图中基本的明暗色调。在运笔过程中，用笔次数不宜过多，而且要准确、快速。如果下笔速度过慢，会使色彩加重，从而使画面浑浊，不能体现马克笔明亮、透明和干净的特点。用马克笔表现时，笔触多以排线、扫线为主。有规律地组织线条的方向和疏密，有利于形成统一的画面风格。

先临摹 2 ～ 3 张 A4 幅面线稿，以简单的建筑空间为练习对象，再对照实景照片，绘制 2 ～ 3 张 A4 幅面简单的建筑空间效果图。

为了表现近处树桩的沧桑感，采用浅、中、深三种褐色绘制，最后采用白色笔强化亮部。

建筑侧面造型比较丰富，选色、配色要大胆，保持一定的明度，不能过暗。

浅色屋顶需要深色天空来衬托，天空运笔大气磅礴。

建筑墙面与其他构造选用暖灰色，颜色深才能与天空一起衬托出浅色屋顶。

▲建筑空间着色表现

4.4.1　小型办公楼建筑着色表现

　　下图是一栋小型办公楼，可作为一整张效果图进行练习，整体着色时要求速度快捷，以弥补前期在绘制形体结构时所消耗的时间。天空使用较粗的浅蓝色马克笔快速填涂，虽然笔触方向不具备规律性，但是填涂速度快，能够让上下层笔触相互交融，呈现一气呵成的视觉效果。

　　选择部分建筑外墙玻璃覆盖紫色，这样既可加深色彩对比，又可丰富光影关系。地面铺装与建筑墙面的色彩本应一致，但是受天空云彩和树梢投影的影响，可选用冷灰色和暖灰色交替叠加覆盖。

　　远景树木选用两种绿色相互叠加，近景树干保留少许飞白来强化体积感。近处的山石反而不是视觉中心，应当简化着色，仅强调基本的明暗关系即可。近处灌木要与远景树木有所区分，因此，选用浅黄色与中黄色搭配表现。

　　画面整体的色彩稍显单一，但是可以在细节处变化色彩，选用多种冷、暖灰色相互搭配，让简化着色的手绘效果图尽量丰富。强调明暗对比关系是快速表现的重要法则，任何建筑形体只要透视准确，明确了明暗对比与冷暖对比，就能表现出卓越的体积感。

天空云彩运笔短促连贯，可以适当搭配点笔。

玻璃幕墙上的色彩稍微加深，配合少量紫色来区分天空。

建筑暗部投影除了需要加深色彩，还需要采用绘图笔排列线条覆盖强化。

位于画面近处的地面可以采用深灰色来表现树木阴影。

▲小型办公楼建筑着色表现

下图是一栋小型办公楼，部分建筑形体延伸至水面，形成水天一色、浑然一体的感觉。着色时应先选出两组颜色，一组是建筑的玫红色，一组是水、天的蓝绿色，再由这两组颜色分别拓展出 3 ~ 5 种颜色继续丰富画面。

选用玫红色的目的在于其能形成强烈的视觉中心，这类色彩能形成由深到浅的渐变效果，与水、天的蓝绿色对比不至于太过强烈。玫红色周边可用的颜色有红色、橙色、紫色等，这些暖色系的细分色彩种类较多，可在人眼感知范围内尽量丰富画面色彩。运用少量点笔、摆笔来表现树木与云彩在建筑上的投影，建筑近处的外墙选用棕色、中黄色填涂，表现木质墙面，与玫红色外墙形成色彩对比，以免画面单调。

天空与水面的初步着色可以选用同一种蓝色，快速填涂，使笔触之间相互融合，形成浑然一体的效果。天空中可稍微点缀其他蓝色，形成较丰富的色彩变化。水面着色除与天空蓝色相呼应外，还应继续增加建筑和周边绿化植物的固有色，将画面中所有具体物象的颜色都融汇进来，最后覆盖深色来表现投影。这种水面着色表现技法快捷有效，只须精准定位多种颜色所填涂的部位，在水面上形成自然的倒影即可。

主体建筑墙面除了运用点笔来丰富效果，最主要是采用直尺绘制以表现出光照效果。

建筑中央的白色墙面被周围的有色构造环绕，起到衬托作用。

远处建筑颜色逐渐变浅，逐渐虚化。

水面近处运用深色笔触来表现阴影，同时协调画面整体关系。

▲小型办公楼建筑着色表现

4.4.2 艺术博物馆建筑着色表现

下图是一栋艺术博物馆，整体建筑造型端庄厚重，运用了少许弧线造型，采用大面积玻璃幕墙形成强烈的光影效果。

根据建筑特征与固有色选定 3 组颜色：一组为建筑固有的米黄色，一组为玻璃幕墙的反光蓝色，一组为周边植物的绿色。

填涂建筑的固有色时要强化明暗对比，适当搭配棕色与冷灰色，着色时倾斜运笔，受光照最强烈的区域应保留适当空白，建筑暗部与投影处填涂 2 ~ 3 种深浅不一的冷灰色。建筑投影处的明暗交界线部位的过渡十分重要，应避免产生"一刀切"的僵硬效果，可采用挑笔笔触过渡，形成富有节奏感的变化。

在填涂玻璃幕墙中的反光蓝色之前应当用绘图笔绘制填涂轮廓区域，将深、浅两种蓝色间隔填涂，运笔要灵活，适当选用摆笔、挑笔等技法。

在植物着色时，运笔应更加灵活，笔触成团组状，深色在中间偏下部位，浅色在中间偏上部位，深浅笔触快速融合，对树木、草坪快速着色，适当搭配 1 ~ 2 种浅黄色加以点缀，丰富场景效果。

天空着色时可以选用浅色马克笔，并将酒精注入马克笔再绘制，这样能得到畅快淋漓的水彩效果。

树木选用多种绿色叠加笔触进行表现，适当留出浅色即可。

在建筑阴影与玻璃反光处丰富层次感。

地面草坪处适当选用深色马克笔作挑笔来表现树荫。

▲艺术博物馆建筑着色表现

下图整体建筑造型变化多样，以直线几何造型为主，在着色上要表现出强烈的体积感。应先选配颜色，将主体建筑颜色定位为稳重的紫红色与棕黄色，但是都降低了色彩的纯度，两者可形成一定的对比效果，这种色彩搭配特别适合快题考试。

主体建筑的受光面面积较大，因此在着色时不能完全平涂。可先选用较浅的橙色打底，适当保留空白，再用紫红色倾斜填涂局部，注意两种颜色不宜相互叠加，以免浪费着色时间，形成冗杂的混合效果。建筑内部与远处墙面用棕黄色进行填涂，远处的墙面不进行着色，原因是白色能被建筑外围的深色绿化植物所衬托。

天空云彩着色时，运笔应以团组点笔为主，选用浅蓝色、中蓝色、蓝紫色交替表现，原则上深色是可以覆盖在浅色上的，但是叠加的面积不宜过大，否则会浪费过多时间。

建筑前方的地面填涂浅冷灰色，搭配深暖灰色表现树木投影，地面着色完毕后继续采用绘图笔密集排列线条来强化地面投影。

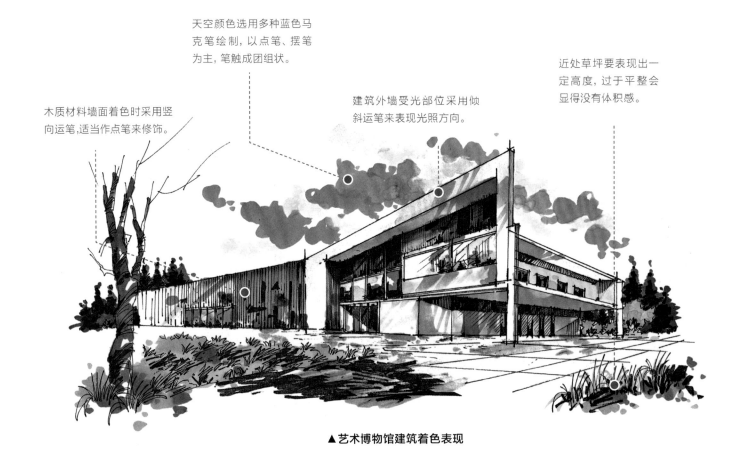

天空颜色选用多种蓝色马克笔绘制，以点笔、摆笔为主，笔触成团组状。

近处草坪要表现出一定高度，过于平整会显得没有体积感。

木质材料墙面着色时采用竖向运笔，适当作点笔来修饰。

建筑外墙受光部位采用倾斜运笔来表现光照方向。

▲艺术博物馆建筑着色表现

4.4.3　山地游客中心建筑着色表现

下图建筑造型呈魔方状，很难找准受光方向，因此给选色、配色带来了困难，填色之前应仔细分析光影关系，可以认为光照方向来自顶部。

选用暖灰色与棕黄色作为建筑的固有色，填涂时从上向下依次加深，大胆运用摆笔技法丰富平整的填色面域，由于线稿中的线条已经绘制得很丰富，因此对色彩填涂的细节要求不高，不用过于丰富，但是要注意填涂的色彩边缘，一定不能超出形体轮廓边缘，否则会让建筑造型变得凌乱不堪。

由于建筑造型比较丰富，天空着色可以尽量简化，选用一种蓝色，让笔触成团组状，以短弧线挑笔为主，3～4笔为一组，多组组合环绕在建筑顶部外围。天空云彩不宜与建筑紧密结合，这是因为建筑屋顶的色彩较深，如果二者紧密结合可能会出现无法相互衬托的沉闷效果，因此适当保留空白为佳。

地面着色时，应抓住中心，建筑前方的道路适当留白，左右两侧选用暖灰色平涂，并采用白色涂改液适当提亮地砖边缝。

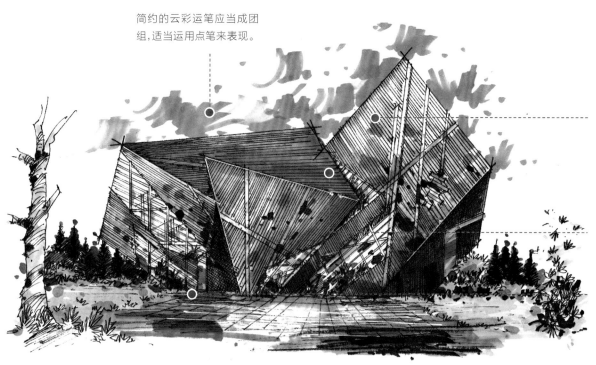

简约的云彩运笔应当成团组，适当运用点笔来表现。

建筑外墙采用直尺绘制，受光面着色时以平涂为主，附带少量点笔。

建筑背光面选用深灰色平涂，与受光面形成对比。

玻璃外墙上采用深灰色作点笔覆盖，区别于天空云彩。

▲山地游客中心建筑着色表现

下图建筑造型较为复杂，但是为鸟瞰视角，填色相对容易，选用蓝色平涂即可，注意不要将笔触超出填涂区域，因为屋梁上填涂的棕色在明度上高于蓝色屋面。

建筑填色的重点在于配色丰富，屋顶局部覆盖黄色；建筑侧面选用多种浅色填涂，表现出阳光反射的多彩效果；地面投影选用冷灰色，采用点笔技法填涂，避免投影边缘形成生硬的效果。

画面着色的重点是周边的绿化植物与远处的山川。绿化植物可选用 3 种不同层次的绿色进行表现，首先覆盖浅黄色，其次叠加中绿色，最后选用黄绿色进行补充，不必强调近处的灌木花草，适当保留空白即可。

远处乔木分为深、浅两个层次，浅色树木在前，深色树木在后，远处山川选用中浅暖灰，这样就让深色树木夹在浅色中央，形成浅、深、浅的色彩对比效果。远处山川上局部适当采用浅蓝色覆盖，既能强化山川的距离感，又能呼应天空云彩。

云彩分为深、浅两个层次，深色在下，衬托浅色山川；浅色在上，表现远处稀薄的云朵，将空间层次感进一步拉开。

当画面全部填色完成后，应当选配一些鲜艳的色彩进行局部点缀，以表现建筑造型为主，并适当拓展到其他绘画元素中，丰富画面效果，避免鸟瞰视角产生均衡平庸的视觉效果。

天空云彩可以采用较深颜色来衬托山川。

选用多种暖灰色与蓝色来表现山川的体积感。

由于该视角接近鸟瞰，因此建筑屋顶造型的色彩明度对比较弱，可适当选用黄色、绿色作色相对比。

由于建筑较低矮，因此地面投影的明暗关系不宜过强。

▲山地游客中心建筑着色表现

4.4.4　图书馆建筑着色表现

下图建筑造型的着色重点在于倾斜屋顶与建筑外墙。倾斜屋顶跨度很大，从地面到建筑最高点，既是屋顶又是外墙，因此在配色时要全盘考虑。

可选用多种较沉稳的红色、黄色相互搭配，笔触之间的过渡应相互融合，填涂速度要快，让不同颜色相互渗透。红色从地面开始，明度较高，因为这片区域受到反射自地面的光。倾斜屋顶延伸到中央时，明度开始降低，这片区域属于背光面，光照度低，可运用点笔强化暗部对比。屋顶的最高处可保留少许飞白来表现高光。

建筑外墙原本是玻璃幕墙，现在增加了金属网架来丰富造型。玻璃幕墙填色时要注意反光的范围，没有被金属网架遮挡的部位以绿色为主，能反映出周边绿化环境的存在；被金属网架遮挡的部位填涂蓝色，且明度较低，既能与绿色形成对比，又能衬托网架上的高光。

金属网架着色最简单，选用深暖灰色覆盖后，再用白色中性笔绘制网格即可。

周边绿植点缀少许颜色，配合大笔绘制的云彩，让建筑周边保持相对空白，这样可以凸出建筑物独特的形体，让建筑成为画面的视觉中心。

网格形体采用深色马克笔覆盖，再用白色笔与直尺绘制，最后采用深灰色作点笔。

深色云彩贴着建筑屋顶边缘绘制，能将较浅的屋顶衬托出来。

受天空云彩影响，屋顶色彩变化多样，可以选用非固有色覆盖。

玻璃幕墙底部选用多种深色作点笔，映射出周边环境的反光。

▲图书馆建筑着色表现

将彩色铅笔笔触密集排列来
表现云彩，一般要远离深色建
筑，以免混淆不清。

深色墙面主要表现周边景色
的反光，适当留白。

暗部除了加深颜色，还须采用
绘图笔倾斜排列线条。

地面选用浅色，并轻微表现
倒影。

▲ 建筑着色表现

天空云彩采用两种蓝色交替
绘制，适当运用点笔。

建筑外墙狭窄面域采用竖向
运笔。

较宽墙面依靠直尺倾斜运笔，
表现出光照角度。

用底部石头强化暗部，并用涂
改液勾勒边角高光。

▲ 建筑着色表现

采用马克笔绘制云彩后，再用彩色铅笔强化覆盖，能达到加深层次感的目的。

选用冷灰色表现建筑边框最能体现体积感。

墙面横向运笔，适当用点笔来丰富效果。

入口大门位于一点透视消失点中心，色彩对比要强烈。

▲建筑着色表现

在用马克笔绘制的天空局部排列彩色铅笔线条，表现出云彩的层次感。

建筑暗部选用冷灰色平涂，适当保持渐变效果。

建筑受光面选用浅红色来表现建筑外墙的固有色，与暗部形成冷暖对比。

近处草地选用多种深浅不一的绿色叠加覆盖，表现出丰富的层次感。

▲建筑着色表现

墙面采用倾斜笔触来表现光照。

建筑暗部选用偏紫的蓝色，与天空云彩的颜色有所差异。

周边绿化植物颜色较深，能衬托出建筑主体。

地面浅色草坪能衬托出远处深色建筑投影。

▲ 建筑着色表现

由于建筑色彩较深，因此天空云彩可以很浅。

玻璃上的反光偏冷色，可以运用斜笔来表现反光。

墙面采用偏暖的颜色竖向运笔，并采用深色作点笔。

地面选用暖灰色覆盖，顺应地面铺装材料的轮廓分区着色。

▲ 建筑着色表现

04 高分手绘营 建筑设计手绘效果图表现

天空笔触自由表现,点笔与挑笔同时运用。

建筑尖角部位留白,能被天空衬托出来。

进门入口处颜色较深,选用多种深色分区着色,表现出微弱的反光差异。

地面台阶采用短笔触表现倒影反光。

▲建筑着色表现

用细碎的点笔与挑笔表现天空,能与地面绿化植物的用笔方式相统一。

屋檐顶部内侧选用深色来强化明暗层次感。

将近处树木亮面适当留白,从而能看到后部建筑形体轮廓线。

近处地面用多种深色来表现树木阴影,让画面构图显得更稳重。

▲建筑着色表现

第9天 中期总结

自我检查、评价前期绘制的建筑设计手绘效果图，总结其中形体结构、色彩搭配、虚实关系中存在的问题，将自己绘制的图稿与本书作品对比，重复绘制一些存在问题的图稿。

如果位于前部的建筑遮挡了后部建筑，可以只绘制前部建筑构造，同时满足构图的需要。

玻璃上的反光根据建筑形态绘制为倾斜状。

低矮的灌木色彩繁多，可以大胆选用多种颜色来表现。

位于画面边缘的运笔可以保持大的方向，运笔可更随意。

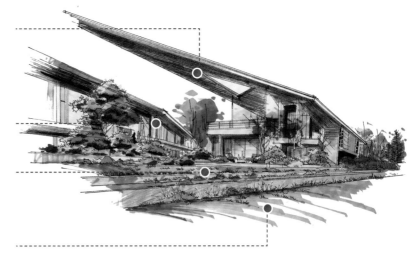

▲建筑着色表现（周浪）

远处树木枝干采用涂改液来表现，显得更轻松自然，与天空呼应。

天空云彩着色时运笔速度要快，彼此之间相互浸润，达到一气呵成的效果，最后用同色彩色铅笔排列线条覆盖一遍，与建筑质感呼应。

建筑结构越复杂，填色越简单。分单元填入统一颜色能轻松表现体积感。

靠近岸边的水面采用深色表现树木投影。

▲建筑着色表现（石骐华）

建筑手绘步骤表现

识别难度

★★★★☆

核心概念

步骤、着色、细节。

章节导读

本章介绍 6 种常见建筑设计手绘效果图的表现步骤，对每幅作品分 5 个步骤绘画，同时指出表现细节，重点讲解每一步的运笔技法和色彩搭配，提炼出建筑设计手绘效果图的精髓，并进行深入分析。

5.1 小型办公楼建筑效果图表现步骤

本节绘制一栋小型办公楼建筑效果图，主要表现的对象构造相对简单，重点在于绘制建筑体块关系。

首先，根据参考照片绘制线稿，对主体对象的线稿的表现尽量丰富。然后，开始着色，快速、准确定位画面的大块颜色。接着，对周边环境着色，周边环境的色彩浓度与笔触不要超过主题对象。最后，结构线和建筑元素都画完以后就可以根据主要建筑调整构图和收边，并对图纸的四个角落进行处理，让整个画面的整体性更强，调整好构图以后完善光影关系和画面的细节即可。

▲ 参考照片

位于边缘的绿化植物可以简化表现，但是起伏形态要与建筑形式相呼应。

玻璃窗的投影要表现出来，强化该部位的暗部层次感，为后期着色打好基础。

侧面窗户结构绘制清晰，控制好竖线之间的间距，要保持逐渐推移的透视效果。

第
10
天
小型
办公楼

参考本书关于小型办公楼的绘画步骤图，搜集2张相关实景照片，对照照片绘制2张A3幅面小型办公楼效果图，注重画面的虚实变化，避免喧宾夺主。

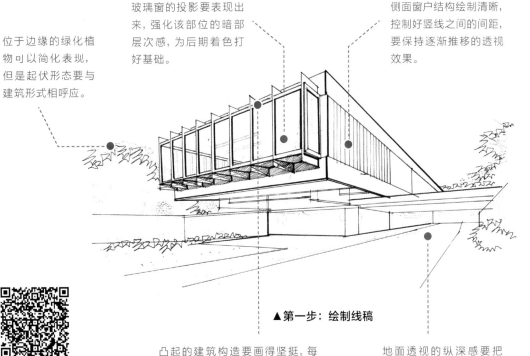

扫码看视频

▲ 第一步：绘制线稿

凸起的建筑构造要画得坚挺，每个造型之间的间距需要控制得当，这是建筑造型设计的亮点。

地面透视的纵深感要把控得当，不能无止境延伸。

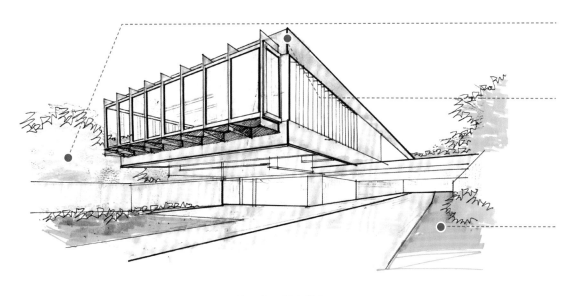

第一遍着色时对绿化植物要有区分，建筑左右两侧的绿化植物选用近似的绿色绘制。

建筑主体颜色选用暖灰（WG）系列色彩，完全平涂，注意不要平涂到界限外部。

地面草坪绿色与远处树木相比，纯度要高些，可横向运笔平涂。

▲第二步：基本着色

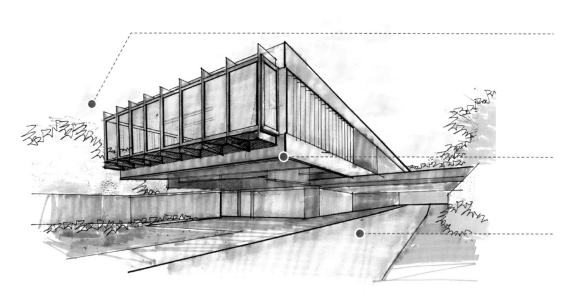

建筑的受光面结构复杂，并带有玻璃的深色反光，因此云彩不宜紧贴着建筑绘制，应保持一定距离。

玻璃存在折射与反射，应选用较深的蓝色绘制，但是在第一遍着色时不宜一次画得过深。

地面选用冷灰（CG）系列色彩完全平铺，由远向近逐步变浅。

▲第三步：叠加着色

天空云彩采用多种蓝色相互晕染，前后两次着色间隔时间要短。

用深灰色强化室内顶棚暗面色彩，适当保留较浅的部位。

选用近似色相但明度较低的绿色逐层绘制，运笔方式以点笔为主。

进一步加深层次感，丰富暗面颜色。

适当运用点笔来丰富画面效果。

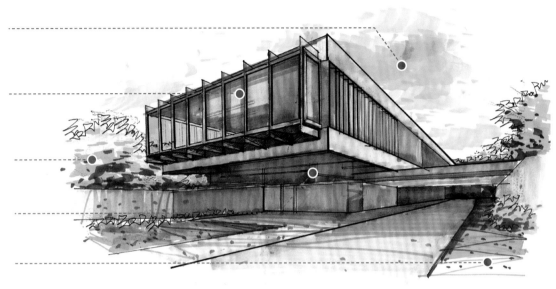

▲第四步：深入细节

采用涂改液在玻璃亮部点白来表现高光。

进一步强化屋檐下的深色结构，让层次感更丰富。

加深侧面结构层次感，让窗户结构的深色与墙体结构的浅色形成色彩对比。

选用红色来表现花卉，丰富画面效果。

采用彩色铅笔覆盖暗部，丰富画面效果。

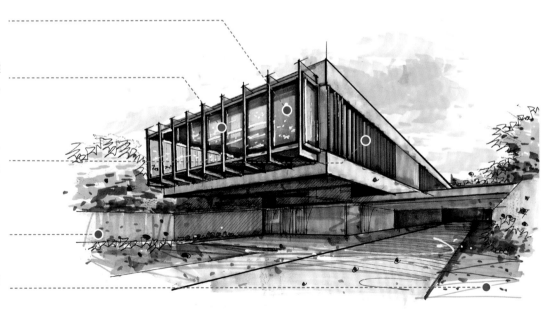

▲第五步：强化对比（程子莹）

5.2　会议厅建筑效果图表现步骤

本节绘制会议厅建筑效果图，主要表现的对象构造开始变得复杂，重点在于绘制细腻的主体结构。

首先，根据参考照片绘制线稿，用铅笔勾勒出画面结构比例和透视关系，保证主要建筑的完整性。然后，以主要建筑为中心向周围展开，按照透视原理勾勒出透视线和主要构筑物的比例关系，勾勒透视线的时候要参考视平线来确定构筑物的高度和道路的宽度，不要让比例明显失调，允许存在误差。接着，运用色彩来强化建筑自身的明暗对比。最后，细致刻画（如画面中心建筑的细节处理），增加画面的色彩（如颜色的冷暖对比）。

▲参考照片

侧面竖向线条采用直尺绘制，保持完全平行状态。

投影中的线条排列密集，不要交错，保持均衡的间距较好。

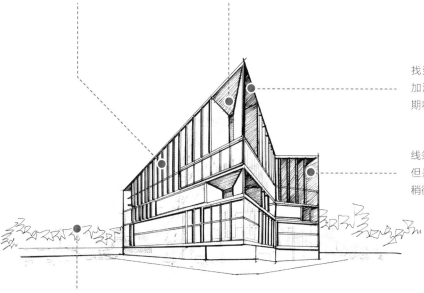

找到最暗部投影，不断加深到适当层次，为后期着色打好基础。

线条排列保持统一方向，但是在不同面域内可以稍微变换角度。

第 **11** 天　会议厅

参考本书关于会议厅的绘画步骤图，搜集 2 张相关实景照片，对照照片绘制 2 张 A3 幅面会议厅效果图，注重玻璃的反光与高光，深色与浅色相互衬托。

背景建筑可以根据需要进行省略，取而代之的是远处的树丛。

▲第一步：绘制线稿

扫码看视频

玻璃幕墙部位采用浅蓝
色横向平铺,以区分建筑
外部主体颜色。

用暖灰色竖向平铺,全
面覆盖一遍。

背景绿化植物简单着色,
找准颜色与层次。

地面颜色要与建筑颜色
有所区别。

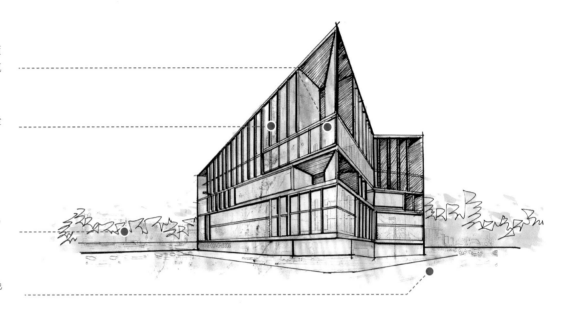

▲第二步:基本着色

适当运用笔触效果来表
现明暗过渡。

内凹侧面叠加冷灰色,
表现窗户玻璃的反光。

对玻璃幕墙覆盖第二遍
浅蓝色,提高色彩纯度。

在绿化植物下部增加第二
遍色彩,颜色相对较深。

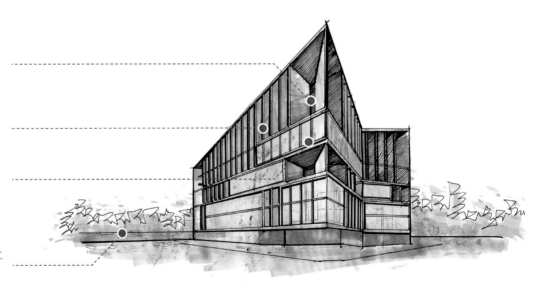

▲第三步:叠加着色

05 高分手绘营 建筑设计手绘效果图表现

在阴影部位逐层加深，强化层次细节。

在玻璃幕墙表面覆盖笔触，加深层次感。

适当表现光影关系，根据建筑形体和角度来把握好倾斜度。

地面加深层次感，不要用同一种颜色叠加，避免色彩单调。

▲ 第四步：深入细节

天空云彩采用蓝色与紫色两种颜色表现。

在建筑前方的地面排列线条来强化对比，用深色地面来衬托墙面受光部位。

采用倾斜线条全面覆盖暗部，让画面层次统一化。

采用涂改液来强化玻璃上的高光。

运用点笔来表现绿化植物的层次感，丰富画面效果。

▲ 第五步：强化对比（程子莹）

5.3 图书馆建筑效果图表现步骤

本节绘制图书馆建筑效果图，重点在于将简单的构图复杂化、层次化。

首先，根据参考照片绘制线稿，用铅笔勾勒出画面整体的结构比例和透视关系，保证主要建筑的完整性，以建筑为中心向周围展开，交代清楚主要建筑所在的环境。然后，绘制空间内主要建筑物的结构线，同时明确视平线的高度和消失点的位置。接着，在对大的空间有所掌握的情况下，可以先适当地画一些建筑物细节，从近景往远景展开。最后，要随时注意视平线的位置，并以此来判断后面物体的高度和宽度。

▲ 参考照片

暗部面积较大，线条排列可以比较稀疏，不要用直尺，以免显得呆板。

弧形与倾斜轮廓可用较粗笔触的绘图笔来表现。

屋檐下的线条适当加粗或用双线并列绘制。

树丛线条表现尽量简单，不要对主体建筑造成冲击。

▲ 第一步：绘制线稿

近处灌木表现紧凑，方向统一，线条精致简短。

第 **12** 天　**图书馆**

参考本书关于图书馆的绘画步骤图，搜集 2 张相关实景照片，对照照片绘制 2 张 A3 幅面图书馆效果图，注重绿化植物的色彩区分，避免重复使用单调的绿色来绘制植物。

扫码看视频

暗部可以选用较深的暖灰色，竖向排列笔触。

暖灰色竖向平铺，全面覆盖一遍。

建筑偏下的部位采用冷灰色，与地面颜色和玻璃幕墙更接近。

背景绿化植物简单着色，找准颜色与层次。

▲ 第二步：基本着色

结构转折部位保留第一遍底色，第二遍不着色。

偏暖蓝色用于玻璃窗，与冷色外墙形成一定程度的色相对比。

全局竖向运笔，受光面采用冷灰色覆盖，与第一遍暖灰色相互叠加。

笔触之间适当留出空隙用于表现较自然的反光。

▲ 第三步：叠加着色

加深建筑底部背光部位，
运笔方向多样，适当保留
间隙。

屋檐下的投影在玻璃
上表现出来具有一定
深度。

留出边角高光或亮面，
丰富画面层次。

选用偏灰、偏褐的颜色
作点笔用于灌木植物的
着色中。

▲第四步：深入细节

采用倾斜线条全面覆盖
深色建筑表面，让画面
层次统一化。

天空云彩采用蓝色表现，
运笔方向比较单一。

窗户间隙选用丰富的色
彩，提亮整个画面效果。

建筑内凹处采用棕绿色来
填补，表现远处的树木。

在建筑前方的地面通过
排列线条来强化对比，用
深色地面来衬托墙面受
光部位。

▲第五步：强化对比（程子莹）

5.4　音乐厅建筑效果图表现步骤

　　首先，确定空间内的框架、结构和构筑物的高低关系，大致勾勒出周围环境的关系比例，用以观察整张图纸的构图关系。然后，画好线稿之后开始整体铺色。确定建筑色调，画出用色最重的部分。在处理建筑表面的时候，一定要快速、果断运笔，让线条流畅。接着，建筑物的轮廓画出来以后将周围的植物配景加以完善，植物处理应注意高低、前后的空间关系，整个画面保持干净整洁，结构、比例、透视交代清楚即可。最后，在结构和比例关系画准确以后，确定光源方向，添加明暗关系，以刻画构筑物和植物的体量关系，根据空间的远近处理好虚实关系，近处的场景可以适当刻画细节和材质特征。

▲参考照片

周边场景绘制应当更细致，与主体建筑形成对比。

加粗外轮廓线条以强化表现效果，形成比较明显的建筑造型剪影。

弧形线条采用慢线绘制，每一根线条表现一处结构，应精心绘制。

建筑底部直线形建筑采用较粗笔触的绘图笔绘制轮廓，让下部的直线与上部的曲线形成对比。

整体建筑的形态比较简单，因此应细致表现地面上台阶的结构。

第13天　音乐厅

参考本书关于音乐厅的绘画步骤图，搜集2张相关实景照片，对照照片绘制2张A3幅面音乐厅效果图，注重地面的层次与天空的衬托，重点描绘1～2处细节。

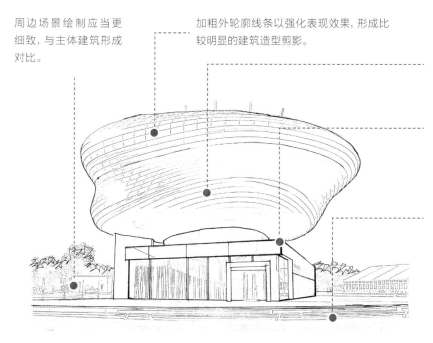

扫码看视频

▲第一步：绘制线稿

运笔不拘方向，排列整齐且全部覆盖即可。

暖灰色与冷灰色相结合，在亮部选用冷灰色，在暗部选用暖灰色。

背景绿化植物简单着色，找准颜色与层次。

地面颜色要与建筑颜色有区别。

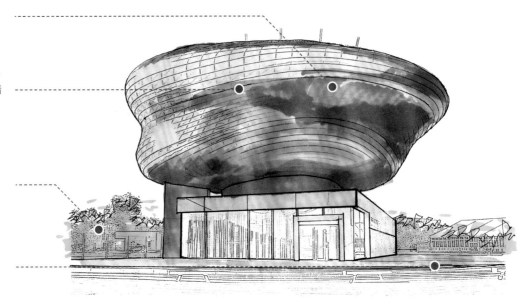

▲第二步：基本着色

对建筑主体覆盖第二遍浅蓝色，提高色彩纯度。

内部侧面叠加冷灰色，表现建筑结构的投影。

在绿化植物下部增加第二遍色彩颜色相对较深。

加深地面上的投影。

▲第三步：叠加着色

加深建筑形体底部颜色，让弧形建筑结构更具有立体感。

为玻璃门窗着色，主要颜色参考室内窗帘与场景色彩。

反光处适当留白。

绿化植物底部进一步加深层次感，让绿化植物形体具有立体化效果。

▲ 第四步：深入细节

天空云彩采用蓝色表现，适当运用点笔和挑笔。

采用涂改液表现建筑亮部，但前提是基础颜色应当较深。

采用彩色铅笔倾斜排列线条，让暗部层次感更丰富。

在建筑暗部排列线条强化对比。

▲ 第五步：强化对比（程子莹）

5.5 工业厂房建筑效果图表现步骤

　　首先，用铅笔勾勒画面整体的结构比例和透视关系，保证主体建筑的完整性，以主体建筑为中心向周围展开，这样不仅交代了主体建筑，也大致交代了建筑所在的环境。然后，将空间的主体建筑的结构线绘制出来，同时要明确视平线的高度和消失点的位置。接着，在对大的空间有所掌握的情况下，可以先适当地画一些建筑细节，从近景往远景展开，但是要随时注意视平线的位置，并以此来判断后面物体的高度和宽度。最后，建筑物的轮廓画出来以后，将周围的植物配景加以完善，植物处理应注意高低、前后的空间关系，整个画面保持干净整洁，结构、比例、透视交代清楚即可。

▲参考照片

强化最近处的轮廓线条，尤其是明暗交界线处要加深。

位于画面边缘的树木只绘制轮廓剪影，不绘制树枝与叶片形态。

被树木遮挡的建筑结构一定要断开，不能忽略树木的存在。

建筑前方的植物尽量采用枯枝或少叶树木，不要遮挡建筑。

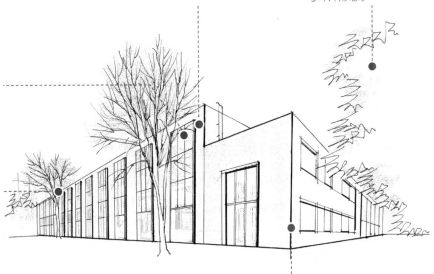

▲第一步：绘制线稿

线条可以交错，形成一定的笔触感与设计感。

第14天　工业厂房

　　参考本书关于工业厂房的绘画步骤图，搜集2张相关实景照片，对照照片绘制2张A3幅面工业厂房效果图，注重空间的纵深层次，适当配置人物来拉开空间深度。

扫码看视频

树枝少量着色，避免遮挡过多的建筑外墙。

墙面横向运笔，笔触之间相互叠加，为后期进一步加深奠定基础。

侧面窗户用暖灰色填补，与正面玻璃门窗形成对比。

地面第一遍着色简单，颜色与建筑形成冷暖对比。

▲ 第二步：基本着色

边缘绿化植物层次相对简单，可以一次成型。

被树木遮挡的玻璃选用冷灰色覆盖。

室内灯光透过玻璃向外散射，选用的黄色亮度应当较高。

地面选用冷灰色，第二遍覆盖后颜色加深。

▲ 第三步：叠加着色

竖向排列深色笔触,与亮
面形成强烈对比。

最近处的局部玻璃也适
当加深,表现出自然反
光效果。

玻璃中央选用较深的冷
灰色能反映出周边深色
环境。

选用偏灰、偏褐的颜色
作点笔用于灌木植物着
色中。

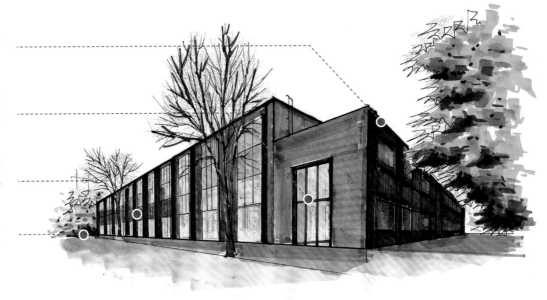

▲第四步:深入细节

用白色涂改液点亮建筑
内的灯光高亮处。

天空云彩采用蓝色与紫
色表现,配合彩色铅笔
来加深,与建筑质地形
成呼应。

第二遍着色时适当保留
一定空隙,并运用较深
颜色作点笔来表现树木
的反光与阴影。

在建筑暗部排列线条来
强化对比。

▲第五步:强化对比(程子莹)

5.6 快捷酒店建筑效果图表现步骤

首先，用铅笔确定形体和透视，不要在意细节，画出大致的形状，画出整体的形体线，把表现重点放在建筑的结构线上。然后，进一步细化，加强体积感。处理细节，确定近、中、远景，加入一些明暗关系。接着，根据形态将基本骨架勾画出来，把握好透视、比例和结构的问题以后，可以开始添加绿化元素、结构线和光影关系，让建筑显得更生动，更丰富。最后，结构线和绿化元素都画完以后就可以根据主体建筑调整构图和收边，并对图纸的四个角落进行处理，让画面的整体性更强，调整好构图以后完善光影关系和画面的细节即可。

▲ 参考照片

转角处加深投影轮廓线。

主体结构用直尺绘制，同时强化暗部阴影。

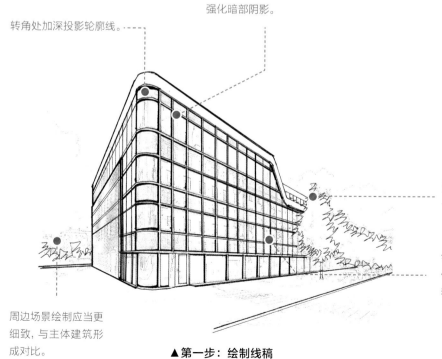

扫码看视频

第 **15** 天　**快捷酒店**

遮挡住建筑的树木一般位于画面边缘。

铅笔线条痕迹可以保留，方便后期细致着色。

参考本书关于快捷酒店的绘画步骤图，搜集 2 张相关实景照片，对照照片绘制 2 张 A3 幅面快捷酒店效果图，注重取景角度和远近虚实变化。

周边场景绘制应当更细致，与主体建筑形成对比。

▲ 第一步：绘制线稿

暖灰色与冷灰色相结合，在亮部适当选用黄色、绿色来丰富效果。

周边树木彼此间的色彩要区分开。

适当表现树木在建筑玻璃幕墙上的投影。

背景绿化植物简单着色，找准颜色与层次。

▲ 第二步：基本着色

对建筑主体中上部玻璃幕墙覆盖第二遍浅蓝色，提高色彩纯度。

内部侧面叠加冷灰色，与正面形成对比。

在绿化植物下部增加第二遍色彩，颜色相对较深。

地面采用冷灰色着色。

▲ 第三步：叠加着色

适当加深建筑内部门窗的阴影。

采用点笔来丰富绿化植物的层次感。

为底部玻璃门窗着色，主要颜色考虑街景对建筑形成的反射效果。

进一步加深地面层次感，衬托建筑主体的浅色。

▲ 第四步：深入细节

天空云彩采用蓝色表现，适当运用点笔和挑笔，并用整齐的彩色铅笔排列。

在建筑暗部排列线条来强化对比。

在建筑暗部排列线条来强化对比。

选用多种颜色来丰富玻璃幕墙，提升画面色彩感。

▲ 第五步：强化对比（程子莹）

云彩采用较浓重的马克笔绘制，可以衬托浅色受光建筑。

建筑中内凹结构采用暖灰色表现，整体建筑色彩具有渐变效果。

画面中央绿色植物尽量丰富，这是衔接建筑与水景的重要环节。

树荫处的水面投影略深，水面蓝色与天空蓝色要有区别，水面蓝色应当偏冷。

接近画面边缘的笔触自然洒脱，停顿处肯定而无飘逸。

▲ 酒店建筑效果图表现（贺怡）

手绘贴士

在建筑空间中，建筑布局与建筑结构多样，着色很难分清主次，那么在最初起稿构图时就应当找准视角。视角只针对重要的建筑结构，以结构重点内容为中心进行着色，周边构造可以简化或省略。当着色到画面边缘时，有选择地将一些造型保持空白，能形成空间的延伸感。

建筑手绘案例赏析

06

识别难度

★☆☆☆☆

核心概念

技法、对比、平铺、点笔、线条排列。

章节导读

本章介绍大量优秀建筑设计手绘效果图，对每幅作品中的绘制细节进行解读，读者既可以临摹本书相关案例，学习其中的表现技法，又可以参考其中的表现细节，进行设计创作。

在手绘效果图练习过程中，临摹与参照是重要的学习方法。临摹是指直接对照优秀手绘效果图进行绘制，参照是指精选相关题材的照片与手绘效果图，参考效果图中的运笔技法进行绘制。这两种方法能迅速提高手绘水平。本章列出了大量优秀作品供临摹与参照，绘制幅面一般为 A4 或 A3，绘制时间一般为 60 ~ 90 分，主要采用绘图笔或中性笔绘制形体轮廓，采用马克笔与彩色铅笔着色，符合各类考试要求。

引用箭头来理清创意思路，将不是很复杂的表意说明变得更简单。

深灰色并不是树叶的本色，但是能衬托浅色建筑，让建筑更突出。

建筑创意思维过程表现应当快速简练，不增加过多修饰，仅表现出整体体积关系和色彩关系。

无法在主效果图中表现的细节构造可以引出另外绘制。

▲建筑创意效果图（金晓东）

天空云彩与玻璃幕墙的反光一气呵成，但是玻璃幕墙上的运笔更挺直，夹杂预留的白色高光。

复杂的内角采用密集的线条交互叠加，线条交互密度逐渐向下渐变。

远处树木与建筑仅仅绘制线条是不够的，还需要覆盖简单的色彩，用于平衡画面效果。

建筑前方地面受投影影响，颜色表现得更深些，采用浅色灌木来衬托。

▲商业建筑效果图（石骐华）

画面高处的建筑色彩较浅，与天空的无色比较接近。

画面中下处屋顶色彩较深，能衬托出浅色墙面建筑。

位于画面近处的屋顶选用浅色马克笔覆盖，表示画面接近边缘。

街道在灯光的照射下为暖黄色。

▲古建筑街景效果图

手绘贴士

全着色马克笔效果图能表现出凝重、明快的效果，但是绘制时间长，需要着色的部位多，这种表现方式适用于幅面较小的作品，或时间充裕的考试。在绘制过程中也要把握好进度，对每个局部的画法要了如指掌，平时多练习，不能在考试时有尝试技法的心理，对一个局部不能反复着色，以免画脏或浪费时间。

阴影处线条比较密集，能在色彩的
配合下表现建筑的体积感。

屋顶在阳光照射下为暖色调。

屋檐下部的阴影采用冷色调。

台阶外凸阳角部位采用涂改液点白。

暗部适当选用黄绿色来表现青苔。

最近处的线条密集排列，形成较强
的体积感。

▲古寺庙建筑效果图

手绘贴士

日光下的白色建筑大多可以采用暖灰
色绘制，但是要对白色建筑保留适当
的空白，形成较强烈的对比。特别深
的深灰色和黑色可以局部少量使用，
不要污染画面。

采用快速表现技法时，线条不必很直，但是位置要准确。

屋檐顶棚是画面的中心，因此选用暖色，自身对比很强。

玻璃幕墙上表现出绿化植物反光影像。

地面笔触尽量自然、洒脱，配合少量点笔来表现树荫。

▲ 商业建筑效果图（何静）

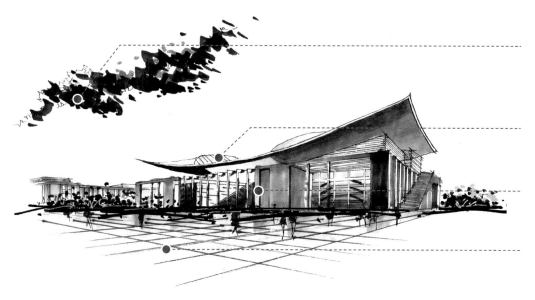

在构图简洁的画面中，树梢可以选用较深的绿色来表现 。

建筑屋檐底部选用冷灰（CG）系列马克笔。

建筑主体墙面选用暖灰（WG）系列马克笔。

适当选用纯度较高的颜色来局部填充建筑间隙或内部墙面。

▲ 商业建筑效果图（何静）

主体建筑颜色从下向上逐渐
变浅，并用白色笔来绘制光
照的投射方向。

天空云彩中可以穿插其他
浅色来衬托画面，与建筑主
体颜色形成呼应。

交错的线条结构具有稳固
的感觉，是建筑形体表现的
主要形式。

绘制时将草地茎叶向同一方
向倾斜，可以表现出刮风的
环境效果。

▲商务办公建筑效果图（石骐华）

天空云彩笔触采用少量顿
笔，表现出云朵的体积感。

采用冷灰色简单表现远处
树木，与建筑色彩相呼应。

玻璃反光与云彩颜色有所
不同，一般会偏冷些。

建筑外墙根据材质来表现
不同笔触，适当运用点笔来
丰富画面效果。

▲商务办公建筑效果图（石骐华）

位于画面中心的树木颜色纯度应当较高。

草屋的顶面运笔方向应当顺着草的铺装方向绘制，运用干扫笔来表现。

远处灌木丛着色较深，能衬托出近处地面的浅色。

水面接近画面边缘时应当停止运笔，营造出自然终止着色的效果。

▲休闲度假建筑效果图（石骐华）

当建筑固有色较深且画幅较小时，可以不绘制云彩，以免画面过于繁琐。

暗部适当运用浅色保留一定反光，同时也为深色绿化树木衬托建筑预留空间。

树枝预先用深色马克笔与绘图笔绘制，再用涂改液来表现。

用大块笔触来表现树木的前提是幅面较小，顿笔能体现树木的整体感。

▲别墅建筑效果图（贺怡）

圆拱弧线造型保持细腻对称，能产生良好的画面构图效果。

暖灰色细致着色，运笔谨慎，不要超出边界线。

鸟瞰角度的结构应当尽量细化，绿化草坪与灌木可以用同一种颜色。

近处构造选用暖灰色，远处保持轮廓结构不着色，形成虚实对比。

▲古典建筑效果图（朱丝雨）

高层建筑的云彩可以分多段来绘制，每段要衬托的建筑部位应当是画面重点部位。

玻璃幕墙上的蓝色应当区别于云彩的蓝色，玻璃幕墙上除了反光还有镀膜玻璃的固有色。

建筑周边的树梢简化表现，遮挡的建筑结构不宜过多。

建筑墙面选用暖灰色表现，竖向运笔排列。

底部灌木深色绿化植物的轮廓采用白色笔勾线。

▲高层办公建筑效果图（贺怡）

手绘贴士

只对暗部着色是比较简单的马克笔技法，找准暗部色彩关系，画完、画充足后，再根据整体画面需要，向两面拓展少量颜色。对于植物、配景的着色更简单，只需要找准深、浅两种颜色就能完成一个部位的着色。这种技法适用于时间紧迫的快题表现，但是整体画面注重的不再是表现技法，而是设计感觉。

深色墙面运笔应当整齐端庄,在
窗台以下部位应当加深。

表现傍晚的夜空,颜色可以很浅。

着重表现建筑中的灯光。

水面倒影颜色较深,采用横向线条
整齐排列,能加深水面的反射效果。

▲古典建筑街景效果图

运用马克笔平铺线条要灵活，笔触粗细不均，疏密要有变化。

用浅色作挑笔能表现出刮风的动感效果。

强化表现顶棚下部的暗部，可以采用绘图笔排列线条，而不一定要用深色。

水面的倒影可以通过绘图笔强化线条来表现。

▲建筑场景效果图（金晓东）

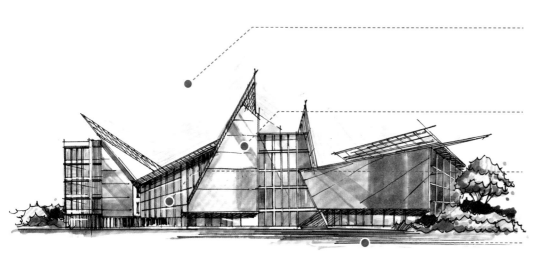

天空云彩颜色较浅，采用彩色铅笔顺应屋顶造型来排列线条，这样能强化建筑形体结构。

三角形墙面造型上表现出光影关系，运笔效果也形成三角形。

玻璃幕墙上的反射颜色种类应当丰富，可以选用多种蓝色来混合表现。

横向布局的建筑效果图地面，采用马克笔细头水平绘制线条，表现出建筑的动感。

▲建筑效果图（蒋文武）

休闲度假建筑中的绿化植物应尽量多姿多彩，着色分多个层次。树干上部色彩较深，是树叶的投影表现。

天空云彩采用涂改液来表现，能丰富画面的效果。

蓬松的草屋屋顶采用干扫笔，顺着草的铺装方向绘制。

▲休闲度假建筑效果图（蒋文武）

画面较复杂的场景，云彩可以只用彩色铅笔来排列。

屋顶构造严格遵循透视规律来绘制。

家具与建筑之间的色彩即使很接近，也要有明确的区分。

内部构造应当细致表现，让画面中心得到体现。

▲别墅建筑效果图（周浪）

天空采用多种颜色来表现时要把握好速度，换笔速度越快，彼此之间的融合感越好。

浅色的建筑结构也要表现出体积感。

绿化植物往往是这种局部建筑构造的烘托亮点，应当细致表现。

画面中央家具应当细化表现。

▲ 休闲度假建筑效果图（周浪）

屋顶下颜色较深，与天空浅色形成明确对比。

地面运笔应顺着透视方向，采用多种同类色来叠加。

大面积墙面着色后会显得单调平整，可以用绘图笔在墙面上作一些点笔来丰富墙面效果。

水池颜色可以较深些，配色可以更随意，不受天空的影响。

▲ 休闲度假建筑效果图（周浪）

当建筑顶部为深色时，可以不表现云彩。

建筑自身的颜色受材质影响，尽量突出玻璃幕墙和普通墙面之间的对比。

弧形建筑外墙上的投影也要表现为弧形。

草地选用深色彩色铅笔来强化表现，让画面更稳重。

▲博览中心建筑效果图（周浪）

对于横向展开的建筑，屋顶上的天空运笔方向应当统一。

建筑屋檐下部通常是最深的颜色，与天空浅色形成对比。

玻璃幕墙上要表现出反射的建筑轮廓。

在画面边角可绘制少量绿化植物来丰富整体构图。

▲博览中心建筑效果图（王璇）

手绘贴士

以一点透视或较平缓的两点透视来绘制较长的建筑，能体现建筑的延伸感。这种横向构图更接近于立面图，能简化透视效果，避免在透视图绘制上花费更多时间；能提高效果图质量，特别适合快题设计，一般安排在快题设计图纸的底部压轴，是整幅画面的重点。

06　高分手绘营 建筑设计手绘效果图表现

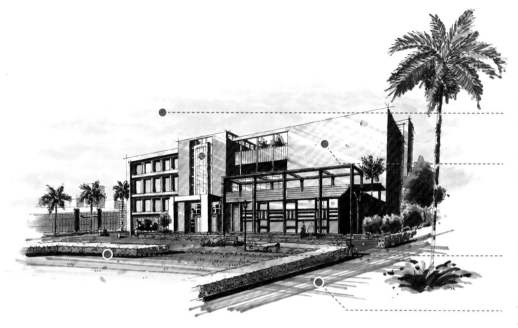

天空云彩成团组状绘制，采用深浅不一的色彩来表现。

倾斜运笔能表现出光照感和刮风感，营造出特别真实的效果。

整齐的灌木与方正的建筑形体相呼应。

用直尺与灰色马克笔覆盖近处道路地面。

▲商务办公建筑效果图（王璇）

没有受到光照的墙面选用深色，但是周边应当选用浅色来衬托 。

来自建筑内部的灯光对建筑形成很强的光照效果，适当运用浅蓝色来表现玻璃幕墙对天空的反光。

在灯光的影响下，受光面往往是局部，同一墙面左侧是受光面，右侧是背光面。

强化的建筑倒影可以采用横向线条来表现，竖向线条是色彩的分界线。

▲商务办公建筑效果图（王璇）

强烈的光照来自傍晚的夕阳。

夜空的云彩大胆用深色来表现，天空可以分为 2～3 个层次绘制，环绕在建筑周边的颜色应当较深。

建筑表面色彩较浅，能被深色天空所衬托。

适当运用紫色来丰富云彩边缘的效果。

▲ 商务办公建筑效果图（王璇）

用彩色铅笔覆盖马克笔表面，同时刻画细节构造。

屋顶色彩很浅，但是颜色丰富。

人物有选择地着色，部分可以空白。

水面采用较深的蓝色，与天空云彩要区分开。

▲ 民居古建筑效果图

06 高分手绘营 建筑设计手绘效果图表现

现代风格造型的建筑外墙平铺马克笔着色，用彩色铅笔覆盖线条。

将主体建筑的暗部层次加深，形成强烈的视觉对比。

给乔木增加白色笔直线，表现出光照效果。

用大块笔触来表现草地面铺装材料。

▲住宅建筑效果图（汤彦萱）

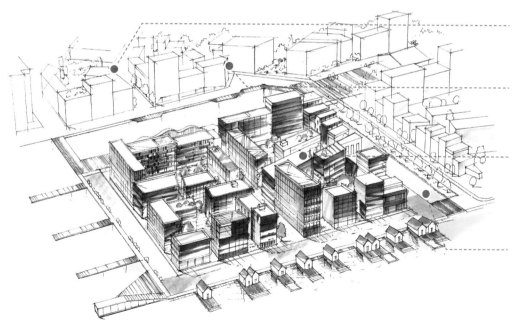

周边建筑只绘制线稿，不着色或少着色，以烘托中央主体建筑。

此为规划鸟瞰效果图，因此中央建筑可以分为冷、暖两种色调。

适当在屋顶表现绿化植物。

水面蓝色与建筑玻璃幕墙的蓝色要加以区分。

▲建筑规划鸟瞰效果图（周灵均）

天空选用两种不同的蓝色，深色压住浅色，同时能衬托出建筑受光面。

建筑受光面应顺着透视方向运笔，完全平铺的同时保留最亮部的高光。

小面积玻璃中覆盖的反光适当用涂改液点白。

近处马路地面选用多种灰色叠加平涂。

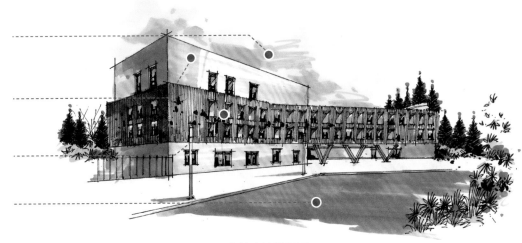

▲ 学校建筑效果图

环绕建筑周边的云彩稍微加深。

建筑外墙暗部着色不宜过深，适合这种逆光场景。

受光面与天空保持空白，这样能与暗部阴影形成明暗对比。

地面道路选用冷灰色覆盖，接近建筑的部位要绘制阴影并保留受光面。

▲ 休闲度假建筑效果图

手绘贴士

画幅的长宽比例一般为 4：3 或 5：4，这样能适应各种设计构图。随着时代的发展，很多手机屏幕如今都是 16：9 或 18：9，给我们生活带来了全面革新。可以在考试时选用类似于手机长宽比例的画幅，当然也要根据整体画面的构图效果来决定。过于扁长的幅面适用于左右宽度较大的设计对象，一般以一点透视为主，两点透视的消失线过长会让人感到不真实，三点透视更是很难表现。

低矮的建筑周边采用深色来表现远处树木。

大面积玻璃幕墙着色可以与天空一气呵成，在底部适当加深并绘制树木反光。

面积较大的草坪选用多种绿色相互叠加。

可在画面最近处绘制石头来平衡构图。

▲休闲度假建筑效果图

位于画面边角的树木可简化表现，着色与形态不必那么严谨，可用白色笔排列线条来表现亮部。

建筑屋檐下方选用暖灰色覆盖。

地面选用多种暖色相互叠加，适当保留白色，形成对比。

位于画面近处的绿化植物，选用多种绿色覆盖，适当保留浅色区域。

▲休闲度假建筑效果图

主体建筑外墙竖向运笔，并采用较细笔触的绘图笔竖向排列线条。

在过渡区域适当运用点笔来丰富细节。

地面草坪可用白色笔绘制线条，来表现受光部或风吹过的高光痕迹。

位于画面右侧的树干，仅仅起到平衡构图的作用，可以简化表现。

▲别墅建筑效果图

采用彩色铅笔随意表现天空云彩，这种绘画技法要从整体画面来考虑，与建筑其他部位的运笔方式相辅相成。

玻璃幕墙上的反光颜色要与天空有所区分。

建筑墙面除了平铺着色以外，还要使用深色马克笔与白色涂改液作点笔，来丰富画面效果。

近处地面可选用多种冷暖不一的灰色交替叠加。

▲别墅建筑效果图

建筑侧面使用多种笔触相互叠加，适当运用挑笔来丰富画面。

玻璃幕墙的明暗交界处要区分冷暖色调，受光部位为冷色，背光部位则偏紫色。

建筑结构要画得很清晰，接近画面边缘时不能突然终止。

近处地面树木阴影可选用三种不同的蓝灰色来表现。

▲办公建筑效果图

环绕主体建筑周边绘制云彩来衬托建筑。

主体建筑明暗交界处要区分强烈的明暗关系，可在暗部做倾斜笔触。

附属建筑对比稍微弱些，但也要适当选用点笔来表现。

建筑周边远景树木选用多种深绿色来衬托。

▲办公建筑效果图

天空选用较短的弧形钝笔，呈团组状表现云彩。

建筑倾斜墙面下深上浅，运用多种棕色来表现丰富的层次感。

画面中的主建筑入口处应当刻画细节，蓝色的玻璃反光要区分于天空色彩。

位于画面近处地面上的树荫选用多种冷灰色来表现。

▲展览馆建筑效果图

宽厚的屋檐应当留白，明暗交界线色彩区分明显。

在亮部中央采用倾斜笔触来表现光照方向。

屋檐下部的背光部位选用灰色与红色交替叠加。

建筑门窗上的反光颜色适当加深，同时也适当留白，让玻璃反光显得对比强烈。

▲展览馆建筑效果图

天空笔触多样化绘制，营造出风起云涌的效果。

建筑墙面受光部位采用点笔绘制，适当留白。

位于画面中心的建筑结构细化表现，色彩与明暗对比强烈。

近处地面采用暖灰色多方向运笔。

▲办公建筑效果图

天空云彩呈团组表现，团组之间适当分布均匀，整体云彩颜色较深。

建筑楼梯的背光部位选用多种深灰色覆盖，做少许点笔丰富层次感。

一点透视建筑亮部可保留空白，不进行任何着色，这片白色被周边深灰色所衬托。

地面草坪简化处理，不与建筑发生矛盾和色彩冲突。

▲办公建筑效果图

位于画面边侧的树木可以简
化着色，树叶的浅色和周边
的深色相互融合。

建筑中央的木质材料采用竖向
运笔，选用较深的黄棕色。

玻璃幕墙上的反光颜色应具象描
绘，但选色要稍弱于建筑周边的
绿化植物。

位于画面前景的石头、草坪在着
色上应当弱化表现，稍微强调暗
部阴影即可。

▲办公建筑效果图

在面积不大的实体墙面上作倾
斜笔触来表现光照的方向。

斜面屋顶很难把握受光面和背
光面，一般沿着左右两侧向中间
作色彩明度推移，即中间较浅、
周边较深。

位于画面中心的门窗，应当细
致表现反光。

地面树木阴影采用深灰色马克
笔作扫笔，由近向远产生渐变。

▲办公建筑效果图

天空云彩与建筑接壤部分适当留白，表现出真实自然的效果。

深色斜面屋顶全部平铺着色，适当运用点笔来丰富材质效果。

内部屋架结构细致表现，选用多种色彩来区分材料结构。

选用暖灰色与冷灰色马克笔相互叠加，表现出地面投影。

▲ 别墅建筑效果图

受光面屋檐下的投影，可以不断加深。

受光面屋顶在平铺着色之后，应当选用白色笔来勾勒形体轮廓。

玻璃门窗上的反光色彩，要区别于天空与周边绿化植物，反光着色应当较平和。

地面铺装材料轮廓采用白色笔勾勒，能够形成很强的立体效果。

▲ 别墅建筑效果图

建筑屋檐处的轮廓应当加粗或
采用双线绘制, 这样能让云彩着
色部分被划分至建筑外部。

玻璃幕墙上的阴影采用倾斜线
条密集排布。

建筑外墙背光部位采用倾斜笔触
来表现光线折射方向。

在复杂建筑构图中, 地面草坪的
着色应当简化表现。

▲别墅建筑效果图

天空云彩选用三种不同的彩色
铅笔交替排列线条。

屋檐背光面选用暖灰色平铺。

玻璃门窗着色应与天空云彩有
明显区分, 适当运用深灰色来
表现树木的反光。

树木在墙面上的投影简化表现。

▲别墅建筑效果图

玻璃幕墙表现反光简化着色,可适当体现室内场景。

建筑侧面墙体采用倾斜笔触,表现光照方向。

位于画面边角的树木仅作为配景,简化着色。

位于画面中心的消失点的场景应当细化表现,运用涂改液适当点白,来提示重点。

▲办公建筑效果图

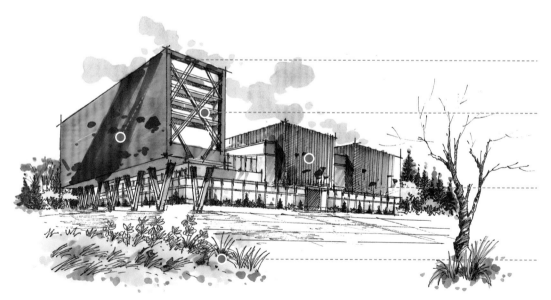

建筑墙面属于背光面,选用较深色彩表现,局部倾斜笔触能避免整体色彩过深。

钢结构材质选用暖灰色绘制受光面,冷灰色绘制背光面。

大面积墙体采用竖向运笔,并适当采用深色作点笔来丰富画面效果。

位于画面近处的绿化植物仅为一小块,可适当绘制花卉。

▲办公建筑效果图

三角形建筑外墙,倾斜运笔平铺,适当运用白色笔来强化铺装材料的轮廓。

建筑中最深的部位,不能完全涂黑,应先用深褐色平涂,再用深暖灰色覆盖。

墙面上的开窗,结构复杂,要区分背光面和投影。

玻璃门窗上的反光应区别于天空与周边绿化植物,这个颜色介于两者之间。

▲别墅建筑效果图

采用彩色铅笔绘制乱线,来表现天空云彩的多样性。

位于建筑高处的多边形玻璃幕墙,平铺浅蓝色与冷灰色。

建筑墙面上的倾斜笔触,可适当运用渐变效果,由深到浅,逐步变弱。

位于建筑低处的多边形玻璃幕墙,可选用较深的冷灰色。

▲别墅建筑效果图

天空云彩先用马克笔自由绘制，再用同色彩色铅笔自由排列线条。

建筑屋檐背光面选用多种暖色与灰色覆盖。

主体建筑墙面竖向运笔着色，适当运用颜色深浅不一的马克笔作点笔。

围墙栏杆上的白色反光应当保留，或用涂改液点白。

▲别墅建筑效果图

玻璃幕墙上的云彩反光颜色应当较深，明暗对比强烈。

倾斜屋顶运笔应当有规律。

地面绿化植物着色较深，同时要表现建筑阴影。

画面边缘的树干，可适当搭配棕黄色来丰富画面效果。

▲别墅建筑效果图

除了使用马克笔和彩色铅笔表现云彩以外，还可以选用绘图笔来绘制不规则的线条，表现出远处树木山川的基本轮廓。

深色建筑外墙采用长挑笔来绘制较强烈的渐变效果，同时采用点笔来平衡色彩层次感。

建筑结构的投影处采用较深的冷灰色覆盖。

位于画面近处的石头，适当采用建筑外墙色彩来点缀。

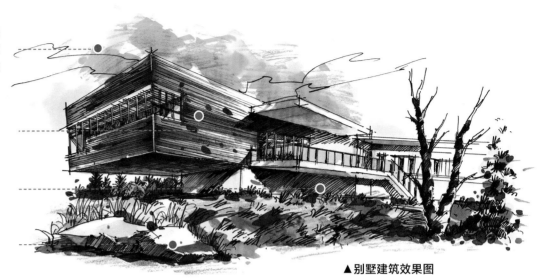

▲别墅建筑效果图

采用白色笔与直尺绘制木质板材的轮廓来强化屋顶材料的体积感。

树木暗部通过绘图笔排列线条来强化。

屋顶上有来自树木的阴影，呈现出花斑效果，但是色彩要统一。

看似凌乱的天空仍然以团组的形式表现，形成一定的体积感。

▲别墅建筑效果图

手绘贴士

在建筑设计手绘效果图中，对绿化植物的表现要区别于景观设计手绘效果图。建筑设计手绘效果图中对绿化植物的表现应当更加机械化、几何化，大胆用深色笔触来压制画面，达到丰富画面色彩、增加明暗对比的效果，因此，要敢于使用深绿色、深灰色马克笔来提升画面层次感。

呈螺旋形的挑笔张弛有度,有疏有密,为画面添加动态效果。

加深投影能更好衬托出屋檐的受光面。

在棕色马克笔铺垫下排列密集的竖向线条,能大幅度提升画面中心感。

玻璃上的反光颜色集中表现为多种蓝色与冷灰色。

▲ 别墅建筑效果图

快速表现可以不必采用马克笔绘制天空,用彩色铅笔密集排列线条更有质感。

建筑结构下部的投影除了用马克笔进行色彩表现,还要用绘图笔排列密集线条。

灌木分三个层次依次着色,最近处与最远处较深,中间较浅。

地面着色也要有明暗之分,靠近边缘树丛的地面颜色较深。

▲ 别墅建筑效果图

用较干的马克笔表现天空能得到动感的画面效果。

用尺规绘制的建筑轮廓相互交错表现出建筑的体量感。

强化屋檐下的阴影，采用双层线条覆盖。

地面草坪着色时朝一个方向运笔，营造出动感效果。

▲办公建筑效果图

在蓝色马克笔上局部覆盖紫色彩色铅笔线条，让画面更有动感。

玻璃幕墙采用紫色与蓝色交互融合，表现出浑然一体的效果。

玻璃幕墙面积较大，在玻璃幕墙底部表现出树木形态，可以让玻璃中的反射景象更加充实。

用多种绿色表现灌木丛，注意浅色与深色相互搭配，保留运笔的间隙。

▲办公建筑效果图

受光面留白,上部有天空,下部有阴影衬托。

抖动的慢线适合徒手表现建筑主体轮廓。

水面色彩采用多种绿色、蓝色、灰色叠加。

较深的投影采用绘图笔表现。

▲办公建筑效果图

建筑屋顶的侧面是受光面,保持空白不着色。

屋顶要被天空的深色衬托出来,颜色就不能太浅,以冷灰色为佳。

建筑结构侧面是受光面,统一保持光亮效果。

草坪绘制颜色较深,重点在于衬托建筑主体。

▲办公建筑效果图

较深的云彩是为了衬托远处的山川，能表现出风雨欲来的场景效果。

位于山坡上的独立建筑，受光面颜色较浅，被山川的深色所衬托。

位于画面近景的建筑外墙，选用不同层次的灰色交替描绘，深色部位是门窗，浅色部位是墙板。

湿漉漉的地面按水面效果进行表现，但是周边建筑和山川较高，没有反光，因此地面不用涂改液点白。

▲古建筑街景效果图

天空云彩分上下两层表现，具有很强烈的层次感与空间感。

建筑远景仅仅表现出体积感，着色比较简单。

建筑近景选用多种深浅不一的颜色相互衬托，强化表现建筑结构。

地面着色以周边建筑色彩为参考，适当搭配彩色铅笔。

▲古建筑街景效果图

天空云彩绘制速度要快, 笔触之间相互渗透, 一气呵成。

位于画面中心的建筑背光面颜色最深, 形成强烈对比, 汇集视觉中心。

所有建筑都被分为红色、浅黄色、冷灰色三个面, 轻松表现出建筑体积感。

位于画面边缘的建筑不宜完全着色, 应当逐渐减弱。

▲古建筑鸟瞰效果图

运用彩色铅笔横向排列线条, 穿插多种颜色, 这种对云彩的表现方法简单有效, 并富有体积感。

与天空保持一致, 建筑结构上部采用彩色铅笔绘制。

背光面为冷色, 受光面为暖色, 其中夹杂着少许高光空白, 表现出强烈的西洋场景。

处于暗部的建筑结构, 只需要强化明暗对比即可。

▲古建筑鸟瞰效果图

马克笔在绘制天空之前，可临时注入酒精，这样的笔触效果更接近水彩。

位于画面中心的建筑顶面，适当预留高光。

建筑侧面与地面背光处选用冷灰色马克笔平铺。

近处草坪选用多种黄色、绿色相互叠加，接近画面边缘处终止着色。

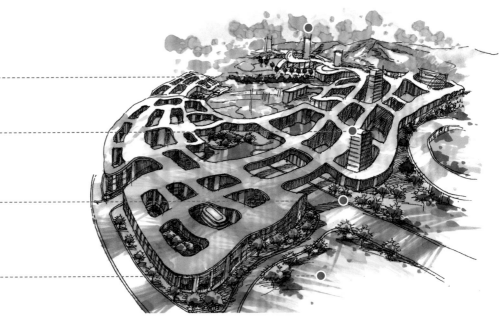

▲ 建筑鸟瞰效果图

远处山川采用浅色。

建筑远景采用蓝色与紫色，表现出基本体积感。

建筑近景增加黄色、棕色、深灰色，强化建筑体积感。

位于画面边缘的不完整建筑可以不着色。

▲ 建筑鸟瞰效果图

手绘贴士

建筑鸟瞰效果图不应绘制过多细节，只要表现出建筑主体的明暗层次即可，当然，没有细节的建筑设计手绘效果图也不能当作后期快题设计中的主要表现图，只能用来丰富设计内容。

建筑手绘快题赏析

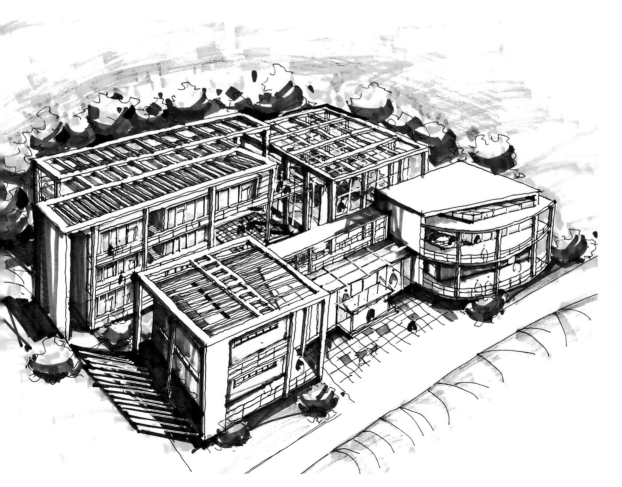

识别难度

★☆☆☆☆

核心概念

创意、构图、色调、细节。

章节导读

本章介绍大量优秀建筑设计手绘效果图，对每幅作品中的绘制细节进行解读，读者既可以从中得到启发，独自创作快题设计作品，为考试打好基础。

快题设计是指在较短的时间内将设计者的创意思维通过手绘表现的方式创作，最终要求完成一个能够反映设计者创意思想的具象成果。目前，快题设计已经成为各大高校设计专业研究生入学考试、设计院入职考试的必考科目，同时也是出国留学（设计类）所需的基本技能。快题设计是考核设计者基本素质和能力的重要手段之一。快题设计可分为保研快题、考研快题、设计院入职考试快题，不同院校对保研及考研快题的考试时间、效果图、图纸等要求各不相同，但是基本要求和评分标准相差无几，除创意思想外，最重要的就是手绘效果图表现能力。本章列出快题设计优秀作品供学习参考。

快题设计的评分标准：画面表现 40%、方案设计 50%、优秀加分 10%。在不同阶段，表现和设计起着不同的作用。评分一般分为三轮：第一轮将所有考生的试卷铺开，阅卷老师浏览所有试卷，挑出表现与设计上相对较差的评为不及格。第二轮将剩下的及格试卷评出优、良、中、差四档，并集体确认，不允许跨档提升或下调。第三轮按档次转换成分数，略有 1 ~ 2分的差值。要满足这些评分标准，从众多竞争者中脱颖而出，必须在表现技法上胜人一筹，创意思想方面则可以从记忆国内外优秀设计案例着手。手绘是通过设计者的手来进行思考的一种表达方式，它是快题设计的直接载体。手绘是培养设计能力的手段，快题设计和手绘相辅相成。无论是设计初始阶段，还是方案推进过程，手绘水平高的考生无疑具有很大优势。在手绘表现过程中最重要的就是融合创意思想，将设计通过手绘完美表现。

快题设计考试是水平测试，要稳健，力求稳中求胜。制图符合规范，避免不必要的错误；创意设计符合题意，切忌忽略或误读任务书提供的线索；手绘表现美观，避免不合常规的空间组织方式；有闪光点，有能够吸引评分老师的精彩之处。常规手绘表现设计与快题设计是有很大区别的。常规手绘表现设计是手绘效果图的入门教学，课程开设的目的是引导学生逐步学会效果图表现，是循序渐进的过程，作业时间较长，有查阅资料的时间能充分发挥学生的个人能力。快题设计是对整个专业学习的综合检测，是考查学生是否具有继续深造资格的快速方法，在考试中没有过多时间思考，全凭平时的学习积累来应对，考试时间 3 ~ 8 时不等。

第 16 天	**快题立意**	根据本书内容，建立自己的建筑快题立意思维方式，列出快题表现中存在的绘制元素，如植物、小品、建筑等，绘制并记忆这些元素，绘制 2 张 A3 幅面关于艺术博物馆、小型办公楼、教学楼、图书馆的平面图，厘清空间尺寸与比例关系。
第 17 天	**快题实战**	实地考察周边建筑，或查阅、搜集资料，独立设计构思较小规模的艺术博物馆的平面图，设计并绘制重点部位的立面图、效果图，编写设计说明，1 张 A2 幅面。
第 18 天	**快题实战**	实地考察周边建筑，或查阅、搜集资料，独立设计构思教学办公综合楼的平面图，设计并绘制重点部位的立面图、效果图，编写设计说明，1 张 A2 幅面。
第 19 天	**后期总结**	反复自我检查、评价绘画图稿，再次总结其中形体结构、色彩搭配、虚实关系中存在的问题，将自己绘制的图稿与本书作品对比，快速记忆和调整存在问题的部位，以便在考试时能默画。

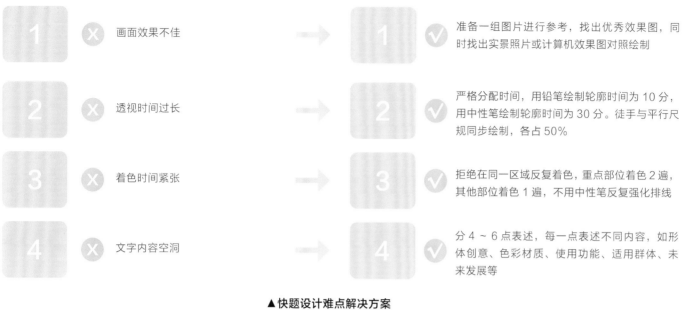

1 ✗	画面效果不佳	→	1 ✓	准备一组图片进行参考，找出优秀效果图，同时找出实景照片或计算机效果图对照绘制
2 ✗	透视时间过长	→	2 ✓	严格分配时间，用铅笔绘制轮廓时间为 10 分，用中性笔绘制轮廓时间为 30 分。徒手与平行尺规同步绘制，各占 50%
3 ✗	着色时间紧张	→	3 ✓	拒绝在同一区域反复着色，重点部位着色 2 遍，其他部位着色 1 遍，不用中性笔反复强化排线
4 ✗	文字内容空洞	→	4 ✓	分 4 ~ 6 点表述，每一点表述不同内容，如形体创意、色彩材质、使用功能、适用群体、未来发展等

▲ 快题设计难点解决方案

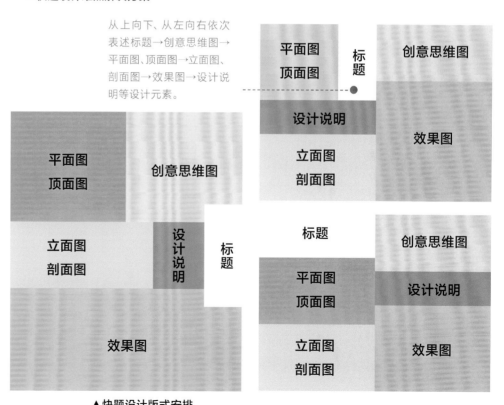

设计说明文字避免放置在上下两端的边缘，以免字体不工整或字数太少，影响整体版面效果。

从上向下、从左向右依次表述标题→创意思维图→平面图、顶面图→立面图、剖面图→效果图→设计说明等设计元素。

▲ 快题设计版式安排

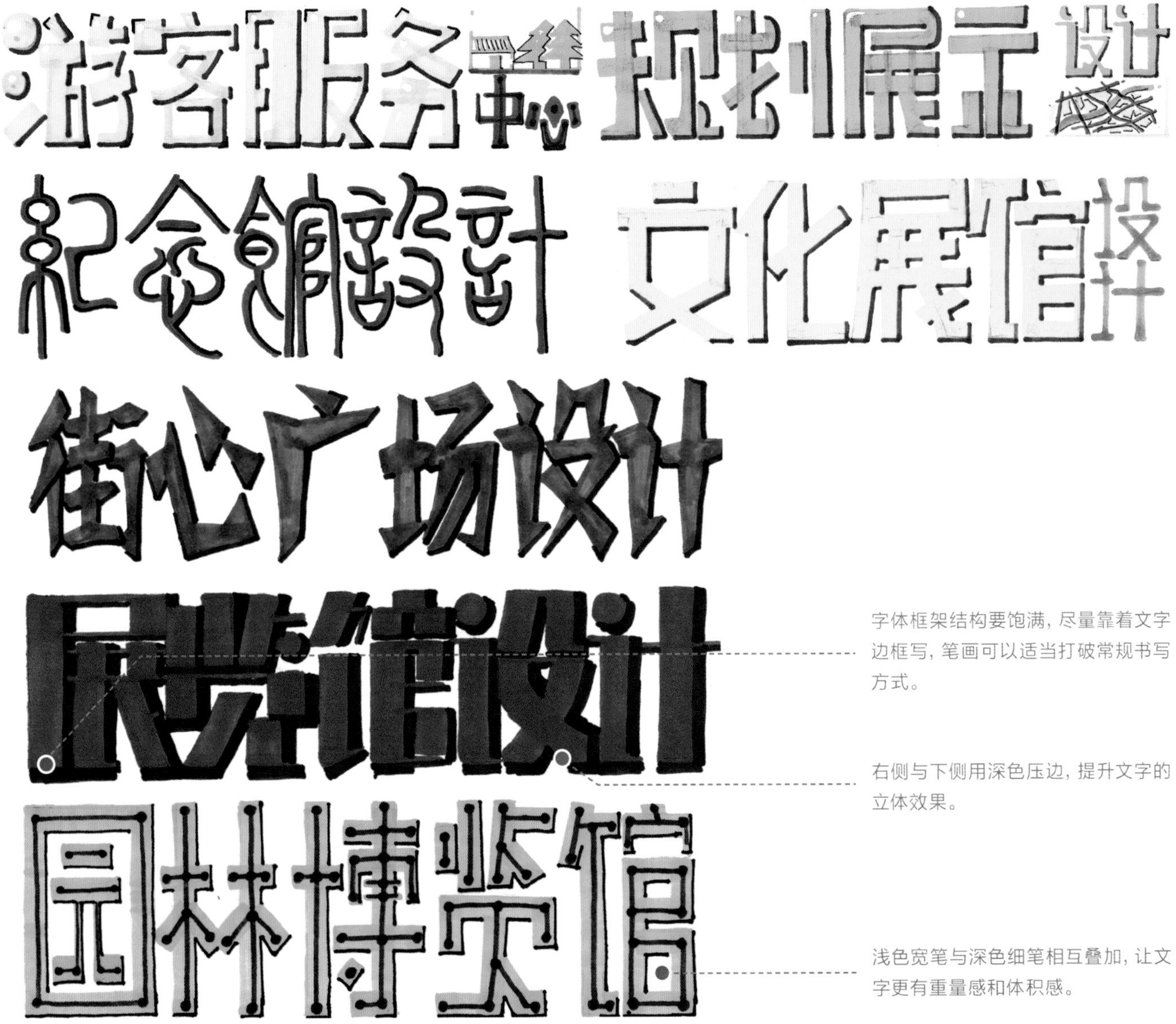

游客服务中心手绘 规划展示设计
纪念馆设计 文化展馆群设计
街心广场设计
展览馆设计
园林博览馆

字体框架结构要饱满，尽量靠着文字边框写，笔画可以适当打破常规书写方式。

右侧与下侧用深色压边，提升文字的立体效果。

浅色宽笔与深色细笔相互叠加，让文字更有重量感和体积感。

▲标题文字书写

07 高分手绘营 建筑设计手绘效果图表现

设计说明是快题设计中的重要组成部分，可以分以下几点表述，每一点表述不同内容。

（1）形体创意：本设计方案为傍水而居的住宅区景观设计，采用具有现代风格的几何造型来塑造景观、建筑形体。曲折有致，自然生态曲线与几何造型相结合，形成强烈对比，激发居住区生态活力。

（2）色彩材质：主体建筑采用米色外墙岩片漆喷涂装饰，在简洁的几何形体中表现出一丝复古气息，公共景观桥梁与驳岸采用清水混凝土装饰，表面磨光处理。

（3）使用功能：居住建筑环绕在水景周边，主要景观设计布置在桥梁两端，形成隔岸呼应的视觉效果，游人能快速行进，进入不同景点参观浏览。

（4）适用群体：本项目绿地开阔，容积率低，适合远离闹市喧嚣的郊区居住地产项目，适合度假、养老。

（5）未来发展：低密度住宅宜居地产项目是今后我国房地产开发的主流，是投资者、使用者的首选。

▲快题设计居住区建筑设计说明文字书写

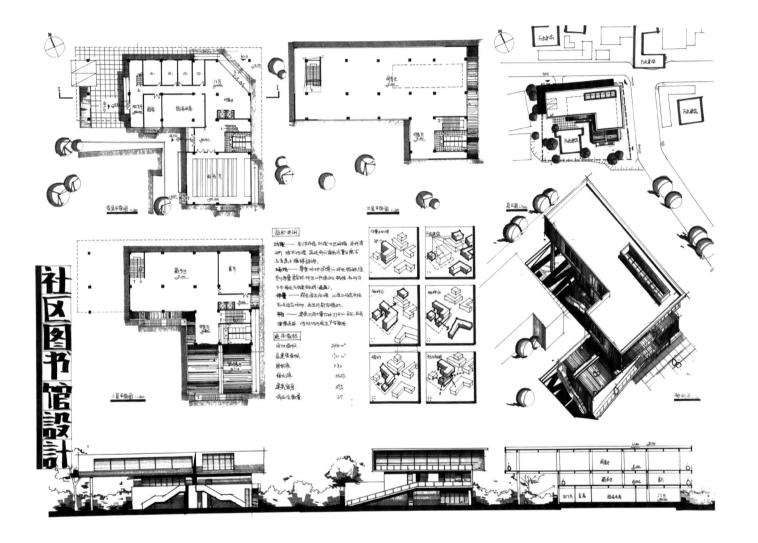

▲快题设计社区图书馆建筑（姚鹤立）

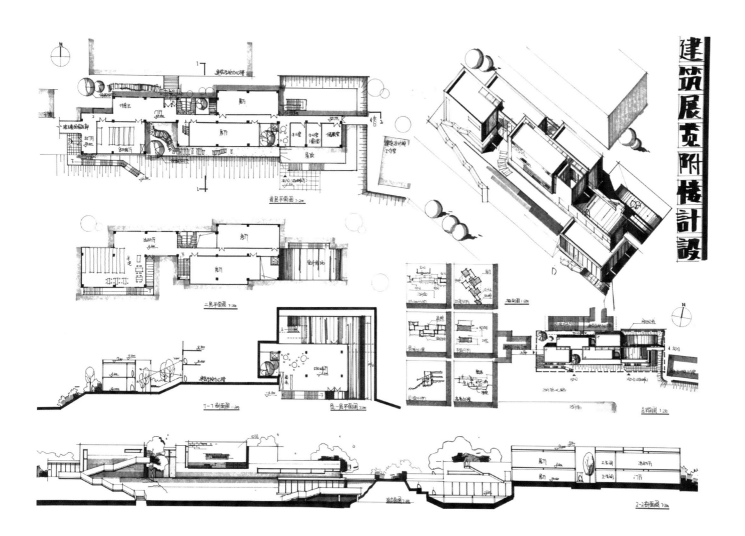

▲快题设计建筑展览附楼建筑（姚鹤立）

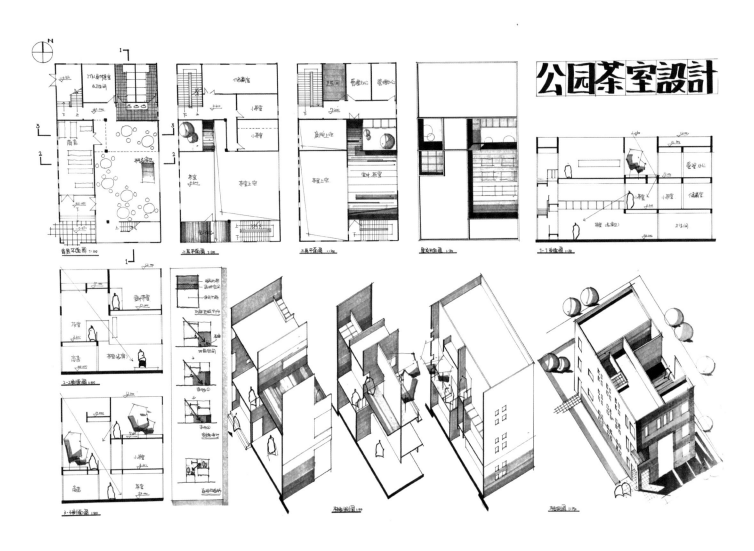

▲快题设计公园茶室建筑（姚鹤立）

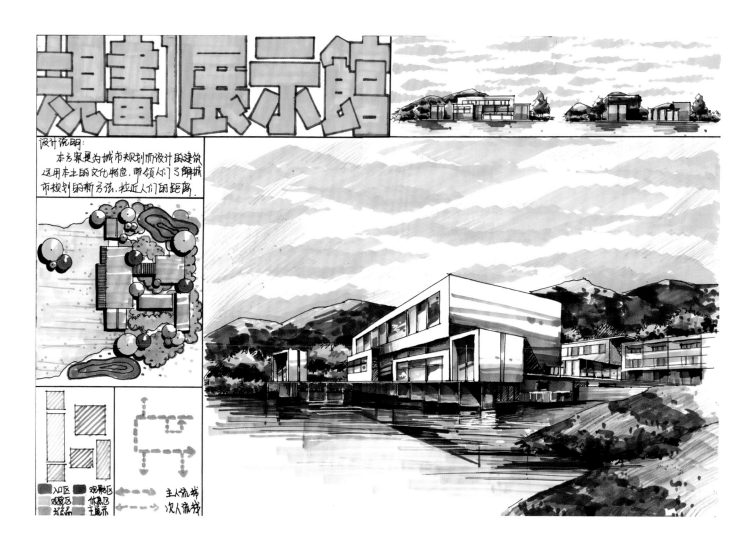

设计说明:

▲快题设计规划展示馆建筑(赵银洁)

设计说明：

当在建设一个外观现代大方，内在系统集约用现代建筑，同时具有身身特色和获得鲜明的时代感，创造一个温馨、典雅、舒服的游客服务中心。

售店区　入口区
中心区　休闲区

主人流动线　次人流动线

主节点　次节点

▲快题设计游客服务中心建筑（赵银洁）

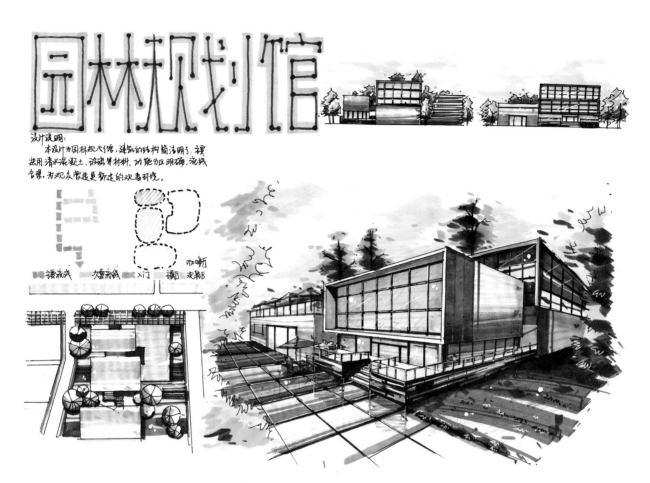

▲ 快题设计园林规划馆建筑（钱妍）

手绘贴士

建筑快题设计创意主要分三个步骤进行。

首先，建立结构，建立交通、休憩、活动、观景等空间使用情景，重视其中对称、对景、收放等关系。

其次，设计地面，地面中的绿地是建筑基底和必要道路以外的空地。不能将绿地当成填补空地、让画面显得紧凑的补救手段。地面设计要集中起来，做成有规模、有设计深度的景观，包括铺装样式、喷泉、构筑物，甚至大尺度的人工湖。

最后，进行单体设计，单体设计也可以预先参考优秀设计作品，记忆一些具体的构造形体，很多东西在快题设计时可以直接套用。

当以上三个环节都完成以后，即可开始正式绘制效果图。

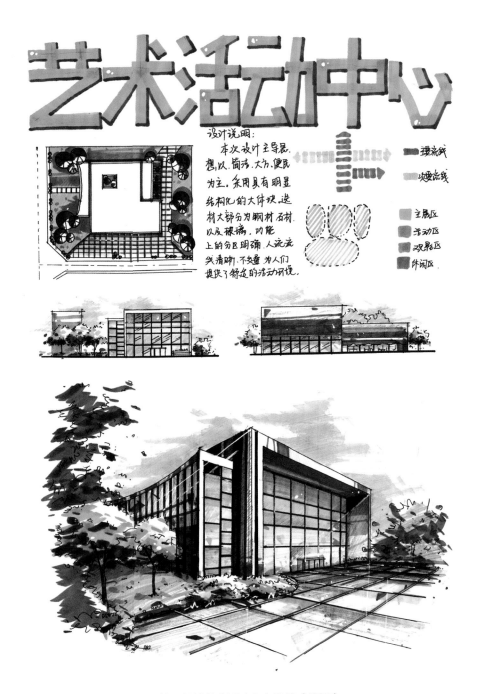

艺术活动中心

设计说明：

本次设计主导展想以简洁、大方、便民为主。采用具有明显结构化的大体块造材大部分为钢材、石材以及玻璃。功能上的分区明确，人流流线清晰。不交叉为人们提供了舒适的活动环境。

主展区
活动区
观影区
休闲区

▲快题设计艺术活动中心建筑（钱妍）

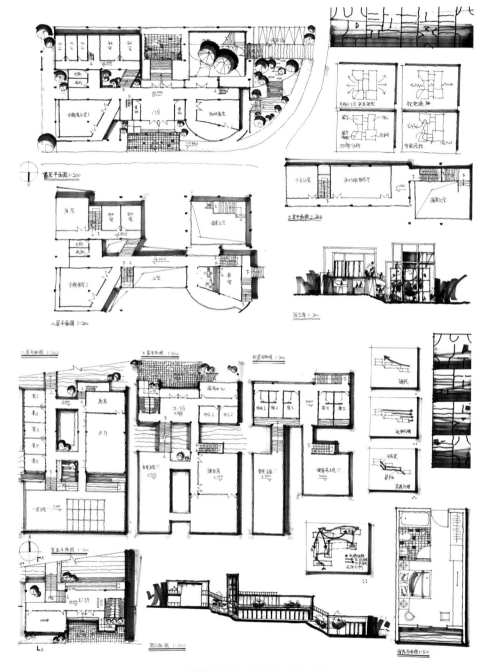

▲快题设计办公建筑（王鸿晶）

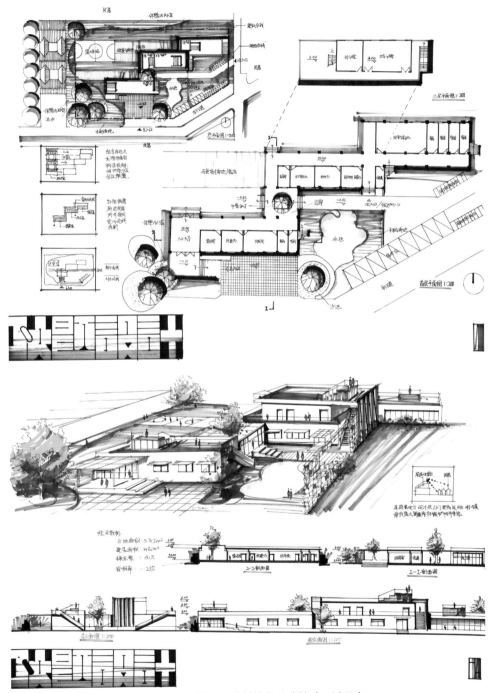

▲快题设计村镇办公建筑（王鸿晶）

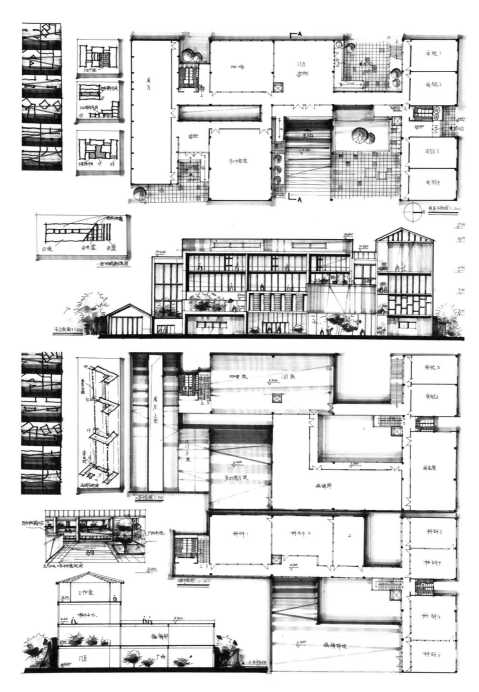

▲快题设计科创中心建筑（王鸿晶）

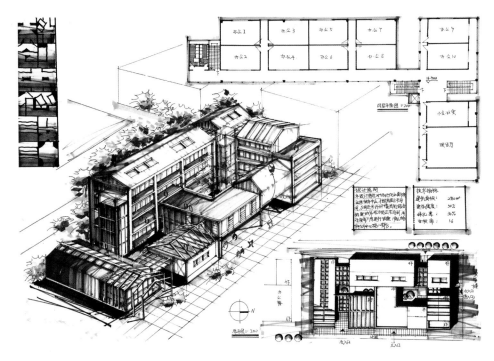

▲快题设计科创中心建筑（王鸿晶）

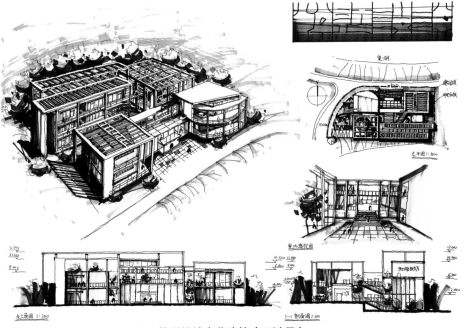

▲快题设计商业建筑（王鸿晶）

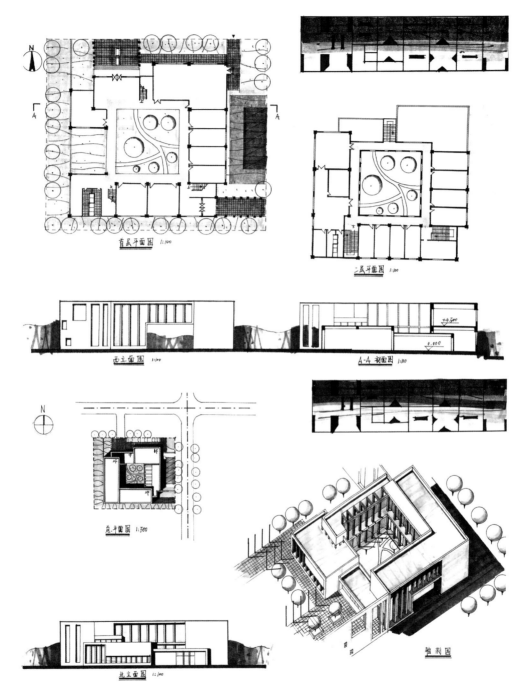

▲快题设计商务酒店建筑（石骐华）

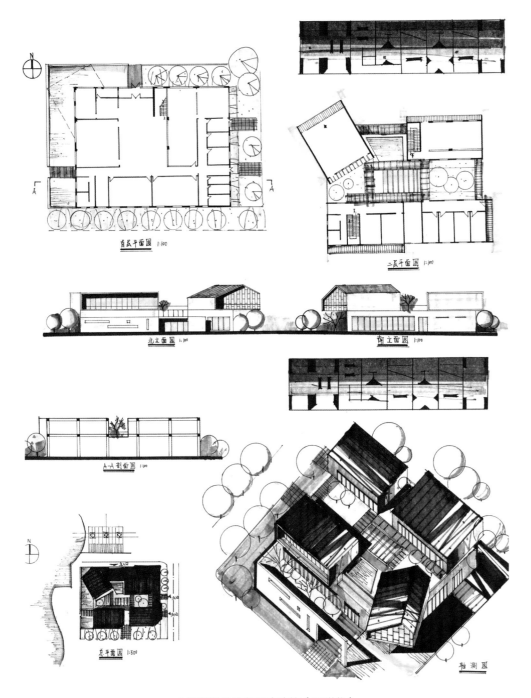

▲快题设计商务酒店建筑（石骐华）

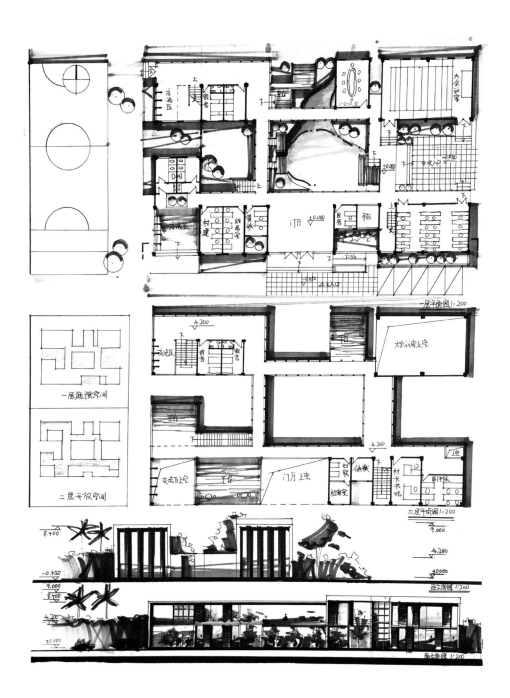

▲快题设计游客服务中心建筑（赵银洁）

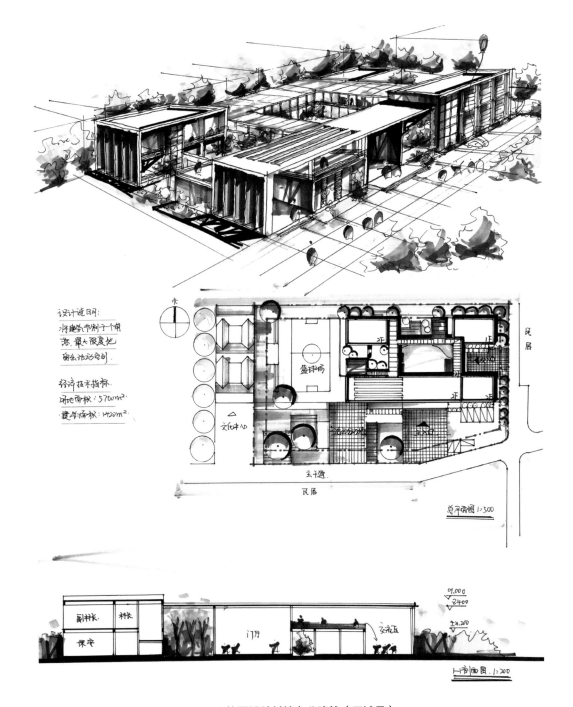

設計說明:
将建筑拆解了个角
落,最大限度地
留生活动分割

経済技术指标.
用地面积: 5700m².
建筑面积: 4420m².

盆球场

文化中心

北

主干道

民居

民居

总平面图 1:300

副村长 村长

保安

门厅

交流区

±0.000
8.400

±0.200

一号剖面图 1:200

▲快题设计村镇办公建筑（王鸿晶）

快题设计

科创中心设计 **1**

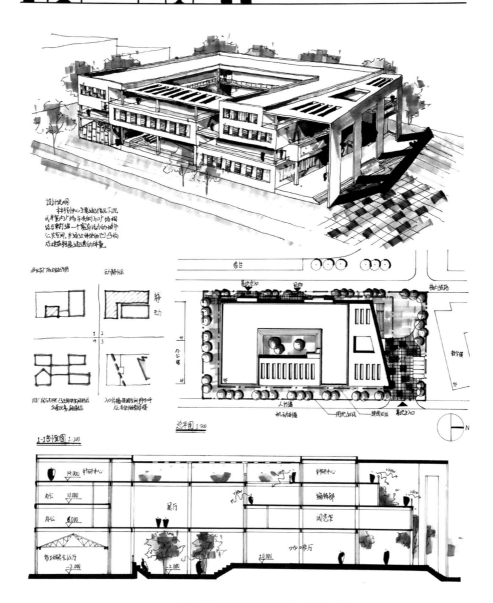

▲ 快题设计科创中心建筑（邱一林）

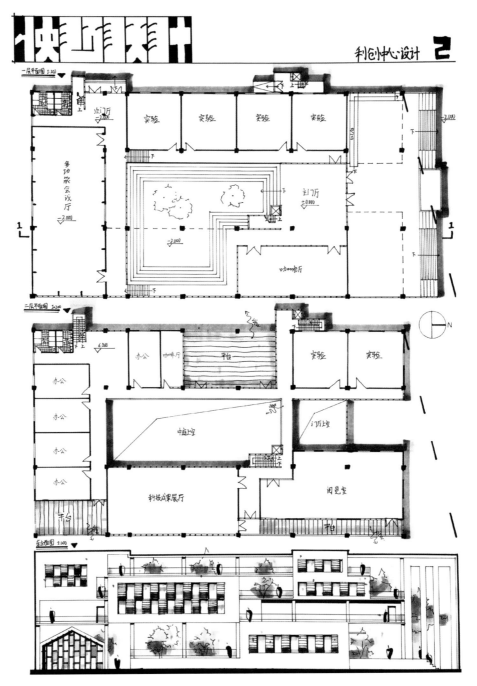

▲快题设计科创中心建筑（邱一林）

07 高分手绘营 建筑设计手绘效果图表现

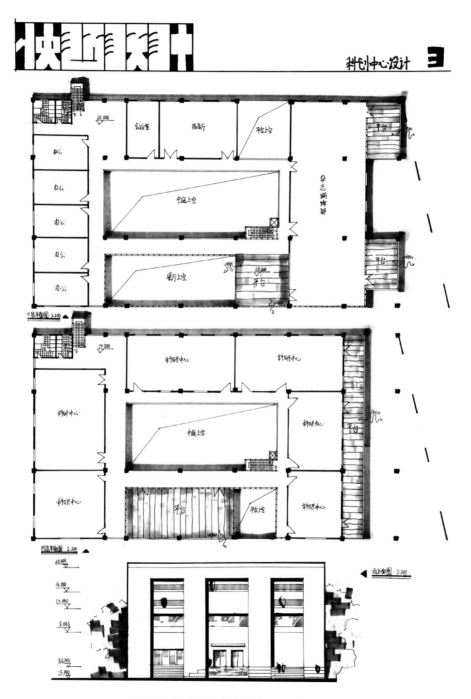

▲快题设计科创中心建筑（邱一林）

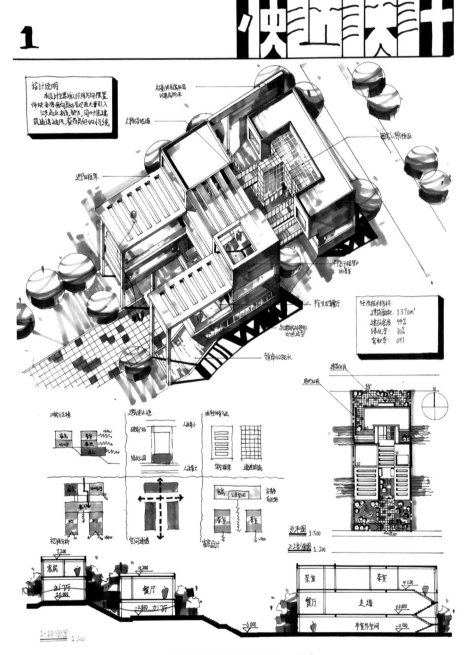

快题设计

设计说明

▲快题设计商业建筑（邱一林）

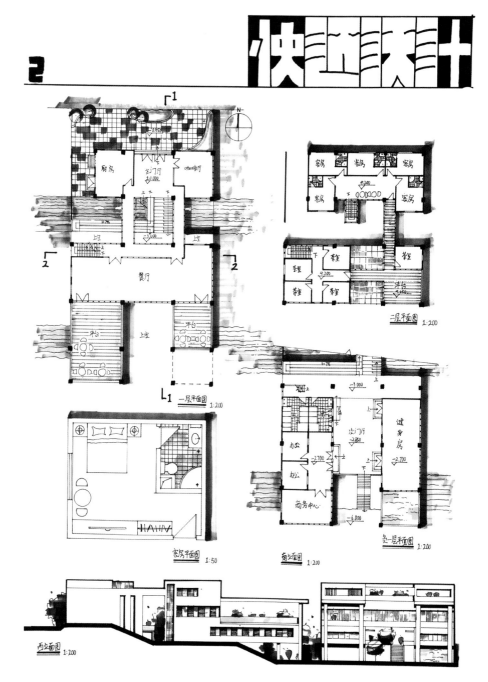

▲快题设计商业建筑（邱一林）

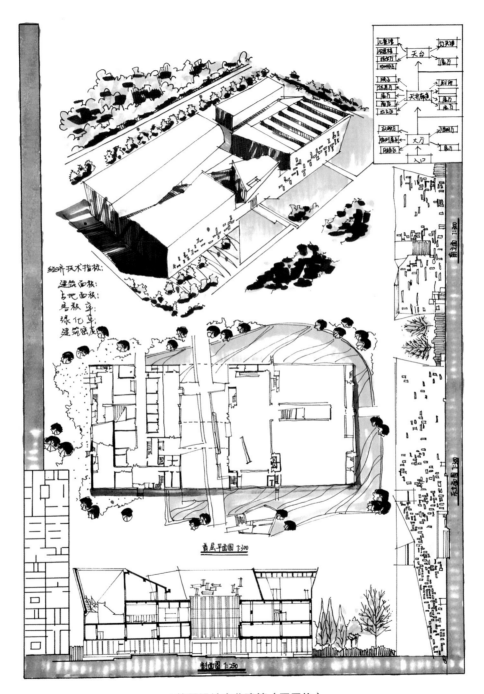

▲快题设计商业建筑（周灵均）

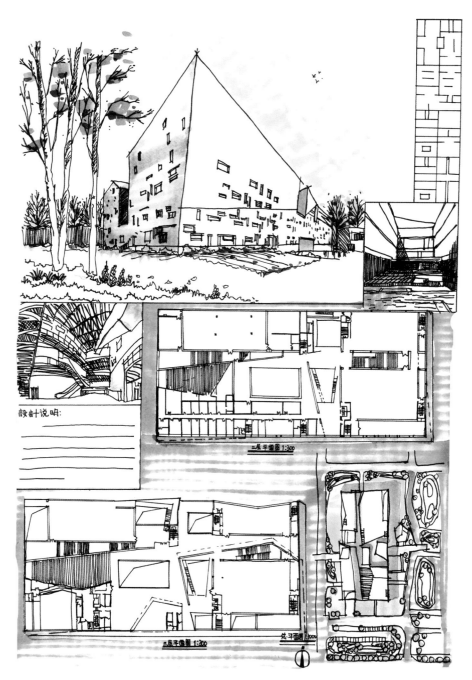

設計说明:

二层平面图 1:300

一层平面图 1:300

总平面图 1:1000

▲快题设计商业建筑（周灵均）

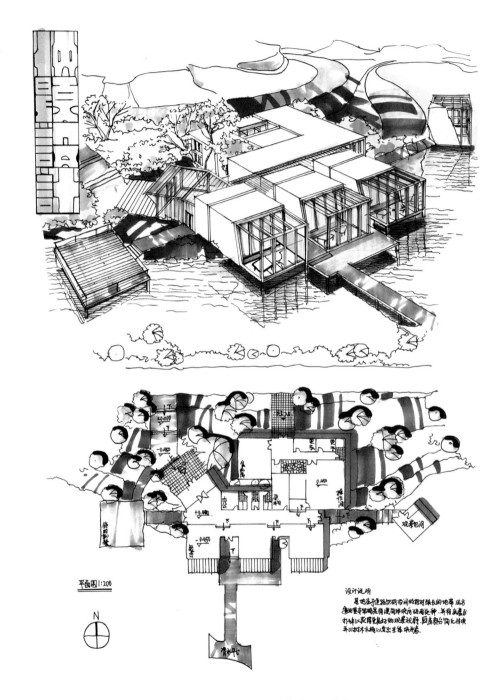

平面图1:200

设计说明

▲快题设计食品工坊建筑（周灵均）

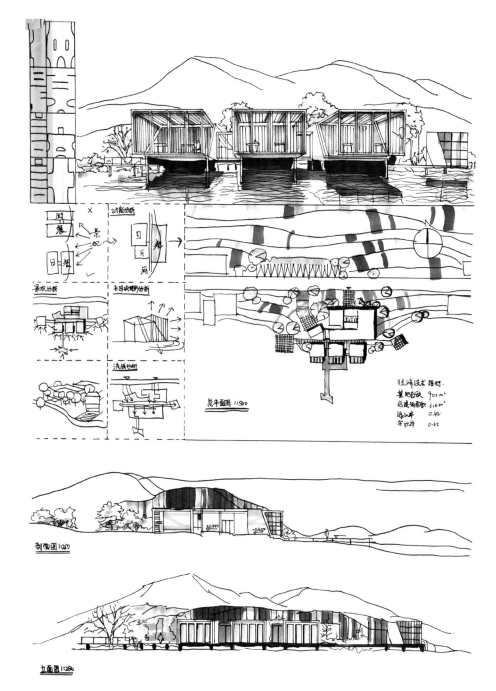

▲快题设计食品工坊建筑（周灵均）

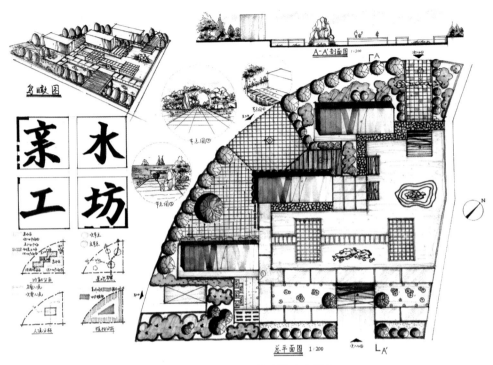

▲ 快题设计亲水工坊建筑（李婵）

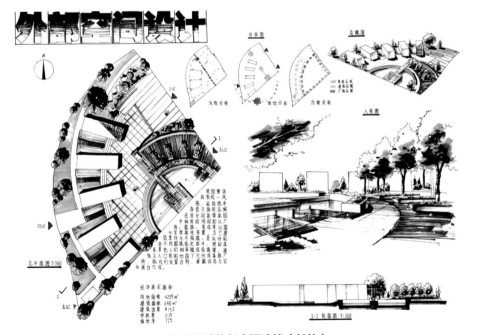

▲ 快题设计外部空间建筑（贺怡）

07　高分手绘营　建筑设计手绘效果图表现

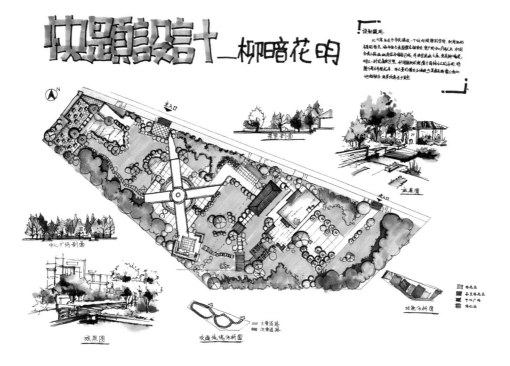

▲快题设计休闲广场建筑（刘露露）

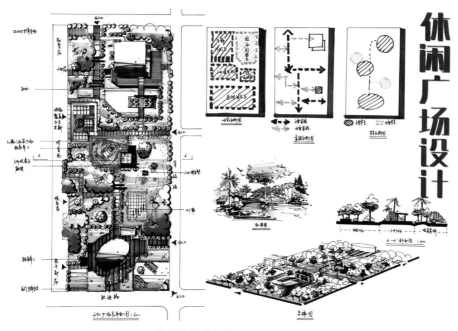

▲快题设计休闲广场建筑（何静）

▲快题设计公园建筑（刘思慧）

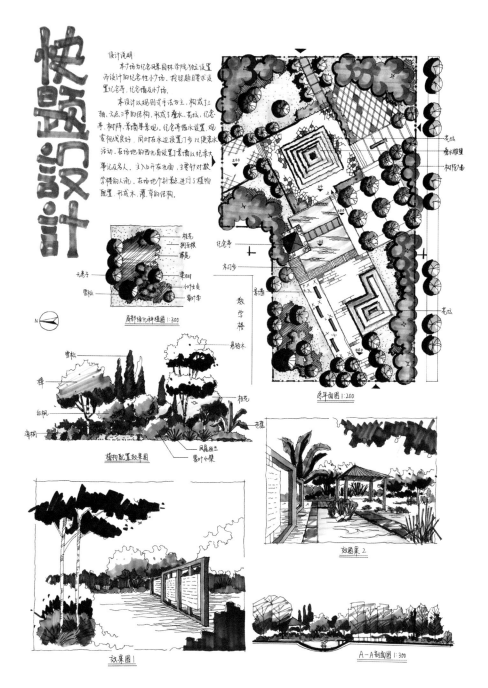

▲快题设计公园建筑（刘悦）

艺景设计手绘教育

　　艺景设计手绘教育成立于 2011 年，总部位于湖北省武汉市。艺景设计手绘教育以学生为本，追求勤奋、创新的教学理念，拥有精益求精的教学团队，为学习艺术设计和考研的莘莘学子提供优质的学习环境。9 年来，已有上千名学员从艺景设计手绘教育满载而归。艺景设计手绘教育倡导因材施教，办学宗旨是：不求多，只求个个都是精英，让学员们真切感受到艺景设计手绘教育完善的教学系统。艺景设计手绘教育与武汉、上海、杭州、深圳、广州等地多家设计企业合作，为优秀学员提供广阔的就业机会，同时在教学过程中，让学员参与真实的设计项目，将理论教学与实践操作相结合。艺景设计手绘教育曾被多家媒体报道，并以优秀的教学成果赢得了设计行业的认可。

▲小班教学

▲大班教学

▲计算机辅助设计

▲拓展训练